全球典型国家电力发展概览

—— 亚洲篇 I

国家电网有限公司国际合作部
中国电力科学研究院有限公司　组编

中国水利水电出版社
www.waterpub.com.cn

·北京·

内 容 提 要

为服务高质量共建"一带一路",贯彻落实国家"碳达峰,碳中和"重大战略决策,打造"一带一路"建设央企标杆,推动全面建设具有中国特色国际领先的能源互联网企业,《全球典型国家电力发展概览》丛书对全球主要国家的能源资源与电力工业、电力市场概况以及主要电力机构进行了全面的调研梳理和分析。

本书是《全球典型国家电力发展概览》丛书的分册之一——亚洲篇I,与亚洲篇II共同介绍了22个亚洲国家和地区的电力行业发展情况,包括能源资源与电力工业、主要电力机构、碳减排目标发展概况、储能技术发展概况、电力市场概况。本书采用国内外能源研究相关的权威机构所发布的最新数据,有助于从事能源互联网相关的企业更好地研判全球能源发展趋势。

图书在版编目(CIP)数据

全球典型国家电力发展概览. 亚洲篇. I / 国家电网有限公司国际合作部,中国电力科学研究院有限公司组编. -- 北京:中国水利水电出版社,2023.12
ISBN 978-7-5226-2068-8

Ⅰ. ①全… Ⅱ. ①国… ②中… Ⅲ. ①电力工业-工业发展-研究-亚洲 Ⅳ. ①F416.2

中国国家版本馆CIP数据核字(2024)第007688号

书　　名	**全球典型国家电力发展概览——亚洲篇 I** QUANQIU DIANXING GUOJIA DIANLI FAZHAN GAILAN ——YAZHOU PIAN I
作　　者	国家电网有限公司国际合作部 中国电力科学研究院有限公司　　组编
出版发行	中国水利水电出版社 (北京市海淀区玉渊潭南路1号D座　100038) 网址:www. waterpub. com. cn E - mail:sales@ mwr. gov. cn 电话:(010) 68545888(营销中心)
经　　售	北京科水图书销售有限公司 电话:(010) 68545874、63202643 全国各地新华书店和相关出版物销售网点
排　　版	中国水利水电出版社微机排版中心
印　　刷	涿州市星河印刷有限公司
规　　格	184mm×260mm　16开本　9.75印张　155千字
版　　次	2023年12月第1版　2023年12月第1次印刷
定　　价	**72.00元**

凡购买我社图书,如有缺页、倒页、脱页的,本社营销中心负责调换

本 书 编 委 会

主　　编　朱光超

副 主 编　吕世荣　王伟胜

参编人员　李　明　马海洋　张　虎　刘　琪　陈　宁

　　　　　彭佩佩　王湘艳　汤何美子

前言
PREFACE

　　为服务高质量共建"一带一路"，贯彻落实国家"碳达峰，碳中和"重大战略决策，打造"一带一路"建设央企标杆，推动全面建设具有中国特色国际领先的能源互联网企业，国家电网有限公司国际合作部会同中国电力科学研究院有限公司，对全球主要国家和地区的电力行业发展情况开展了全面系统的调研和分析，编写了《全球典型国家电力发展概览》丛书。丛书分为亚洲篇Ⅰ、亚洲篇Ⅱ、欧洲篇、非洲篇、美洲和大洋洲篇五个分册。

　　亚洲篇（Ⅰ、Ⅱ）介绍了22个亚洲国家和地区的电力行业发展情况，每个国家和地区的内容共分为六个部分。第一部分为能源资源与电力工业，主要分析各国一次能源资源概况、电力工业概况、电力管理体制和电力调度机制。第二部分为主要电力机构，主要分析介绍了各国主要电力机构的公司概况、历史沿革、组织架构、经营业绩、国际业务和科技创新等情况。第三部分为碳减排目标发展概况，主要分析各国的碳减排目标和政策及其对电力系统的影响。第四部分为储能技术发展概况，主要介绍了各国的储能技术发展现状、主要储能模式及储能项目、储能对碳中和目标的推进情况。第五部分是电力市场概况，

主要分析了各国的电力市场运营模式、电力市场监管模式及电力市场价格机制。第六部分为综合能源服务概况，主要介绍了各国的综合能源服务发展现状和重要典型项目。

《全球典型国家电力发展概览》丛书涉及的信息资料主要来自有关国际组织、各国能源部门及电力公司官方公布的数据和报告等。受信息披露程度及数据更新及时性的限制，丛书内有关信息资料的详略程度和数据更新时间不尽相同，敬请谅解。由于时间和水平有限，本书疏漏与不足之处，恳请批评指正！

编者

2023 年 12 月

目录 CONTENTS

第1章

▪ 总 论

1.1 电力基本情况

《全球典型国家电力发展概览 亚洲篇》(Ⅰ、Ⅱ)共涉及22个亚洲国家(按拼音首字母排序),分别为阿联酋、阿曼、巴基斯坦、菲律宾、格鲁吉亚、哈萨克斯坦、韩国、卡塔尔、老挝、蒙古、孟加拉国、缅甸、尼泊尔、日本、沙特阿拉伯、泰国、土耳其、新加坡、以色列、印度、印度尼西亚、越南。亚洲22国发电量见表1-1。

表 1-1 亚洲 22 国发电量 单位:TWh

国 别	发 电 量				
	2018 年	2019 年	2020 年	2021 年	2022 年
阿联酋	127.9	129.7	126.6	135.6	154.7
阿曼	35.5	36.1	34.3	36.6	37.1
巴基斯坦	139.9	136.0	136.9	150.2	152.2
菲律宾	99.8	106.1	102.5	108.2	112.7
格鲁吉亚	11.9	11.6	11.2	12.6	14.2
哈萨克斯坦	107.3	106.5	108.6	114.4	112.8
韩国	562.3	554.4	551.4	588.5	606.5
卡塔尔	45.2	47.0	44.7	47.5	45.9
老挝	33.7	30.6	39.3	40.0	40.0
蒙古	6.2	6.5	6.7	7.1	7.3
孟加拉国	74.0	79.5	75.7	80.6	85.2
缅甸	22.4	23.7	23.6	22.4	22.4
尼泊尔	5.0	6.3	6.3	6.1	6.1
日本	1012.1	992.3	964.1	958.5	966.7
沙特阿拉伯	334.9	335.5	338.0	356.6	401.6
泰国	182.1	190.6	179.3	186.9	190.9
土耳其	303.9	302.8	305.4	333.4	326.1
新加坡	50.5	51.7	50.9	53.5	54.8
以色列	68.9	71.7	71.6	73.1	71.5
印度	1579.0	1621.9	1562.7	1713.8	1838.0
印度尼西亚	283.8	295.4	291.8	309.4	333.5
越南	209.2	227.4	235.4	244.8	263.3
总计	5295.5	5363.3	5267.0	5579.8	5843.5

22 个亚洲国家总发电量在 2018—2022 年间稳步上升，特别是 2022 年，以印度、韩国、日本、印度尼西亚、阿联酋、越南、沙特阿拉伯为首的主要经济体发电量均实现了明显的增长，带动了亚洲 22 国整体发电量的稳步上升，相较 2021 年总体约上升了 264TWh。

　　同时可以发现，发电量不平衡也是亚洲 22 国发电端的主要突出特点。以日本、韩国、印度、印度尼西亚为代表的经济活动相对活跃的东亚、东南亚地区（11 国）的发电量占比为 77%，而其他位于中亚、中东地区国家的总发电量占比仅有 23%。

　　亚洲 22 国各类能源发电量见表 1-2。从电源类型上来看，煤电、天然气发电、水电是亚洲 22 国的主要发电方式，其中煤电排名第一，2022 年发电量为 85207.5TWh；其次为天然气发电，2022 年发电量为 54021.2 TWh；水电则排名第三，共 35826.3TWh。这主要和亚洲各国的资源禀赋有关。煤炭储量较高的东亚、南亚及部分中亚地区多采用煤电，而油气资源较为丰富的中东各国则主要以天然气为发电电源，水资源较多的东南亚地区大部分采用水电作为主要电源。

表 1-2　　　　　　　　　　亚洲 22 国各类能源发电量　　　　　　　　单位：TWh

发电类型	发 电 量				
	2018 年	2019 年	2020 年	2021 年	2022 年
煤电	84385.8	81843.3	78027.3	84656.9	85207.5
石油发电	6842.7	6248.1	5910.4	6343.7	5633.9
天然气发电	53050.6	54753.2	54429.0	55723.2	54021.2
水电	35421.4	35753.0	36768.6	35956.6	35826.3
太阳能发电	5232.4	6345.8	7670.7	9352.0	11587.7
风能发电	11684.1	13097.3	14636.2	16763.0	19129.2
生物质能发电	3958.5	4141.3	4307.0	4696.9	3250.7
其他可再生能源发电	619.3	629.1	650.5	656.1	472.1
核电	25143.4	25979.5	24929.2	25903.3	24663.6

　　此外值得注意的是，太阳能发电、风能发电的发电量从 2018 年开始也有着快速的上升趋势，特别是在碳中和的大背景下，各国均开始大力投入太阳能发电及风能发电的建设。太阳能发电量在 2022 年高达 11587.7TWh，相较 2018 年翻了一番；风能发电在 2018 年为 11684.1 TWh，到了 2022 年为 19129.2TWh，增幅高达 63%，远高于其他能源的增幅，可见风能发电、太阳能发电将是亚洲主要国家未来电力建设的主要趋势。

1.2 碳减排目标

从最新的碳减排目标（表1-3）上来看，亚洲22国的碳减排进程较为缓慢，22个国家中有10个国家未设置碳减排目标，同时仅有6个国家设置碳中和目标。当然这也和各国的经济发展水平息息相关，老挝、蒙古、孟加拉国、缅甸等大多数未设置碳减排目标的国家均处于电力尚未普及的发展阶段，设置碳减排目标为时尚早。

表1-3　　　　　　　　　　亚洲22国碳减排目标

国　别	碳　减　排　目　标
阿联酋	2050年实现碳中和
阿曼	无碳减排目标
巴基斯坦	无碳减排目标
菲律宾	可再生能源发电量到2030年达到35%，到2040年达到50%
格鲁吉亚	无碳减排目标
哈萨克斯坦	2030年相比1990年减少15%的碳排放
韩国	到2030年，温室气体排放量在2018年的水平上减少35%或更多
卡塔尔	无碳减排目标
老挝	无碳减排目标
蒙古	无碳减排目标
孟加拉国	无碳减排目标
缅甸	无碳减排目标
尼泊尔	清洁能源满足总能源需求的15%
日本	碳排放较2013年削减46%，并努力向削减50%的更高目标去挑战
沙特阿拉伯	2030年碳达峰、2060年实现碳中和
泰国	2037年电力结构的37%来自非化石燃料，到2065—2070年实现碳中和
土耳其	2053年实现碳中和
新加坡	2030年温室气体排放量限制在6000万t，2050年实现碳中和
以色列	无碳减排目标
印度	2070年实现碳中和，但无具体措施
印度尼西亚	无碳减排目标
越南	2030年相比2022年碳排放减少43.5%

亚洲22国碳排放情况见表1-4。2021年，亚洲22国的总碳排放量约为80.8亿t，占全亚洲碳排放量（216亿t）的37%。其中印度、日本、韩国、沙特阿拉伯、印度尼西亚为最主要的碳排放国家，这些国家基本

上都确定了具体的减排政策及碳中和时间点。

表 1-4　　　　　　　　　亚洲 22 国碳排放情况　　　　　　　单位：万 t

国别	碳排放量			
	2018 年	2019 年	2020 年	2021 年
阿联酋	21022	20850	19908	20409
阿曼	7256	7218	7251	8099
巴基斯坦	20506	20606	21038	22951
菲律宾	14182	14523	13566	14426
格鲁吉亚	1006	1092	1069	1101
哈萨克斯坦	33182	29757	27840	27668
韩国	67017	64610	59763	61608
卡塔尔	9523	10115	9286	9567
老挝	2056	1960	2049	2078
蒙古	4532	4725	4961	5032
孟加拉国	8249	9166	9083	9318
缅甸	3478	3461	3609	3631
尼泊尔	1483	1343	1394	1417
日本	114341	110602	104222	106740
沙特阿拉伯	62619	65648	66119	67238
泰国	28211	29024	27737	27850
土耳其	42257	40172	41343	44620
新加坡	4602	2992	2991	3251
以色列	6026	5865	5501	5453
印度	260045	262646	244501	270968
印度尼西亚	60366	65944	60979	61928
越南	27422	34100	32890	32601
总计	799381	806419	767100	807954

1.3　主要碳减排机制

亚洲各国控制温室气体排放的政策一般分为命令控制型、经济刺激型、劝说鼓励型三类。其中，经济刺激型由于其灵活性好、持续改进性好受到各国青睐，而其中最重要的手段就是通过调节碳定价机制以经济手段来促进碳减排。由于温室气体的排放具有负外部性，因此从环境经济学的角度减少温室气体排放则需要将排放带来的负外部性内部化，从而达到全社会减排效益最大化的结果。负外部性内部化的解决需要依靠政府政策，遵照"谁污染谁付费"的原则，由温室气体排放者为排放一定量的温室气体的权利支付一定费用，这个过程被称为碳定价。碳定价机制的调节以调节碳税和建立碳排放权交易体系为主。这两种行为在减排机理上有本质区别：前者指政府指定碳价，市场决定最终排放水平，故最终排放量的大小具有不确定性；后者指政府确定最终排放水平，由市场来决定碳价，故碳价是不确定的。正是由于这种区别，两种手段具有不同的特点。从应用场景来说，碳税政策更适用于管控小微排放端，碳排放权交易体系则适用于管控排放量较大的企业或行业，因此这两种政策是可以结合使用的，可对覆盖范围、价格机制等起到良好的互补作用。碳税与碳排放权交易体系的特点见表1-5。

表 1-5　　　　　　　　　　碳税与碳排放权交易体系的特点

特点	碳　　税	碳排放权交易体系
优点	政策实施成本低； 运行风险相对可控	碳排放结果确定，减排效率更高； 政策实施阻力较小； 减少碳泄漏； 可与其他碳交易体系或碳抵消机制相互作用，实现国家和地区之间的成本均等化
缺点	减排效率较低，政策实施阻力相对较高； 政策灵活性较差	政策实施成本高； 对于市场成熟度及政府管理能力有较高要求

根据世界银行《碳定价现状与趋势》的报告，截至2022年，共计97个《巴黎协定》缔约方的国家自主贡献中提到了碳定价机制，同时全球共实施或计划实施61项碳定价政策。其中碳排放权交易政策有31个，主要包括欧盟、中国、韩国、美国加州等国家或地区；碳税政策有30个，主要位于北欧、日本、加拿大等国家或地区，而亚洲22国中，日本、韩国、泰国、越南、印度尼西亚、哈萨克斯坦及土耳其等均在考虑实施或已经实施碳定价机制。2019年较多司法管辖区扩大了碳定价机制的覆盖范围，包括地区范围、行业范围，另外欧洲对"碳边界"问题的重新提及，导致未来各国碳排放密集型产品在贸易中很可能被征收碳关税，因此越来越多国家甚至企业均在考虑采取碳定价机制来降低由此带来的风险。

在亚洲国家中，目前仅韩国启动了全国统一的碳交易市场，已经成为全球第二大国家级的碳交易市场。以韩国为例，韩国碳交易市场已走过两个发展阶段，当前处于第三阶段。韩国碳交易市场第三阶段的主要变化在于：

（1）配额分配方式发生变化，拍卖比例从第二阶段的3%提高到

10%，同时标杆法的覆盖行业范围有所增加。

（2）在第二阶段实施的做市商制度基础上，进一步允许金融机构参与抵消机制市场的碳交易，试图进一步扩大碳交易市场的流动性，同时也将期货等衍生产品引入碳交易市场。

（3）行业范围上扩大到国内大型交通运输企业。

（4）允许控排企业通过抵消机制抵扣的碳排放上限从 10% 降低到 5%。

1.4　储能系统发展特点

亚洲地区地域辽阔，内部各区域特点各异，东亚、南亚季风型气候明显，风电出力的季节性波动较大，因此需要配置较多长期储能。西亚、中亚光伏装机占比高，且外送电力流较大，对短期储能需求较高；东南亚水电资源丰富，调节能力充足，对储能需求较少。

本书涉及的各个国家均具备不同的储能特点。以日本、新加坡、韩国这类经济较为发达的国家为例，其储能建设主要为其进行更大规模的可再生能源建设做准备，其储能站建设的主要目的为平滑可再生能源的波动曲线。而对于印度尼西亚、菲律宾这类地理分割较为明显的国家来说，储能更多的则是一个低成本实现偏远地区能源供应的方式之一。同样，对于缅甸、老挝、孟加拉国这些不发达国家来说，储能的意义更多的在于通过分布式能源来实现快速的电力普及。

针对不同的用途，其监管也不尽相同。日本、新加坡、韩国这类有着完善可再生能源的国家已经针对储能建立了一套较为完善的管理、发展维护机制，而针对相对不发达和欠发达的国家来说，其储能项目更多的还是由民间资本或者外国资本来进行推进，缺乏监管和长效的发展机制。

1. 日本

日本是最大的储能系统制造国之一，拥有强大的本地制造能力。该国也正在成为企业开发可再生能源的重点目标，因此未来可能会吸引储能系统开发项目。储能系统可能有助于避免这些新能源发电项目在未来发生弃电。但是，目前制造的独立储能系统项目的成本过于高昂。此外，与可再生能源不同，储能系统的电能输出不在强制购买要求范围内。日本北海道电力公司（Hokkaido Electric Power Co.）要求按其特许权建立的所有可再生能源发电厂通过电网侧储能系统连接至电网。该公司严格要求这些发电厂调稳输电。这些要求将加速储能系统在日本的发展，可能还会影响亚太地区电网运营商未来管理可再生能源供应商的方式。

2. 新加坡

新加坡允许储能系统参与电力批发市场，根据需要提供可靠的容量和能源，以解决可再生能源间歇供电问题。随着辅助服务得到协同优化，所有者一般需要为发电和电力调整储备部分一起报价。为加入市场，所有者必须成为市场参与者（MP），并拥有批发商许可（如果系统铭牌上的额定值为1~10MW）或发电许可证（如果额定值超过 10 MW）。间歇供电定价机制（IPM）会因供需失衡对可再生能源项目进行处罚，这是储能系统得以采用的潜在驱动因素。能源市场局越来越重视储能系统，并通过政策文件和试点项目了解部署的可行性。

3. 韩国

韩国在电网连接储能系统领域建立了较大的目标。其目标是，到2034 年，可再生能源发电将在发电量中占 42%，这表明巨大的储能系统装机容量将用于管理间歇供电、维持电网稳定性，同时参与需求响应市场。该国也在讨论通过从市场采购的辅助服务转向实时市场，这将给储能系统带来新的参与途径。韩国是重要的储能系统制造国。当地制造商和政府正在投资耐火系统的研究和研发，以免未来出现问题。

4. 泰国

目前，泰国的储能项目正处于极早期阶段，国有单位泰国电力局(EGAT) 已推出试点计划。私营部门在该领域的活跃度很低。该国的第一份私营部门方案旨在整合公用事业规模风力发电 (10 MW) 与储能系统(1.88 MWh)，由泰国可再生能源公司 BCPG 附属机构洛里格公司（Lom Ligor）主导，由亚洲发展银行 (ADB) 提供支持。第二份储能方案由专注于太阳能的泰国可再生能源公司 Blue Solar 发起，该公司已经部署了 42 MW DC 太阳能与 12 MW/54 MWh 储能系统混合系统。按照与省级电力公用事业部门（PEA）的合同，第三方开发商正在安装一些独立储能系统，用来支持电网受限的地区。

5. 越南

越南的目标是，到 2030 年，将有超过 32% 的发电量来自太阳能

（19~20GW）、风能（18~19GW）和生物质能，相比之下，2019 年的份额大约为 10%。太阳能和风能供电的上网电价已于 2020 年修改，但储能系统依然缺少激励措施。越南的可再生能源项目正面临弃电问题，同时该国未来预计又会出现电力短缺，因此，政策 / 监管环境可能会改变，以便在未来几年支持储能系统。

第 2 章
阿联酋

2.1 能源资源与电力工业

2.1.1 一次能源资源概况

石油和天然气是阿联酋最重要的能源资源，其中 95% 以上位于阿布扎比。目前已探明储量的石油共计 133.4 亿 t，占世界石油总储量的 9.5%，居全球第 6 位；天然气储量为 6.06 万亿 m³，居全球第 5 位。此外，阿联酋的其他矿产资源还包括硫黄、镁、石灰岩等。在太阳能方面，阿联酋终年日照充沛，每平方米年均太阳辐射量高达 2.2MWh，日照甚至比撒哈拉大沙漠还要强烈，开发利用条件得天独厚。根据 2022 年《BP 世界能源统计年鉴》，阿联酋 2021 年一次能源消费量达到了 10826.7 万 t 油当量，其中石油消费量达到 4325.9 万 t 油当量，天然气消费量达到 5975 万 t 油当量，煤炭消费达到 167.3 万 t 油当量，可再生能源消费达到 119.5 万 t 油当量。

2.1.2 电力工业概况

2.1.2.1 发电装机容量

阿联酋实行酋长国制，主要分为阿布扎比酋长国、迪拜酋长国、沙迦酋长国和联邦酋长国四大行政区域，相关电力及水务局也依此行政区域进行划分，其中阿布扎比电力及水务局自 2018 年年底开始并入国家能源部。根据阿联酋统计局出具的数据，2021 年阿联酋阿布扎比酋长国和迪拜酋长国的发电装机容量占比最大，分别为 55% 和 34%，合计接近 90%。此外，这两个酋长国也是阿联酋未来发展太阳能及核能的重点区域。2021 年阿联酋合计电力装机容量为 43.5 GW，2022 年预计达到 45GW，基本保持每年 1GW 新增装机容量，每年新增配电设备采购需求为 30 亿美元。阿联酋 2021 年各酋长国发电装机容量见图 2-1，发电装机容量占比见图 2-2。

未来，按照阿联酋能源战略规划，到 2050 年能源构成将包括 44%

的可再生能源、38% 的天然气、12% 的清洁燃料及 6% 的核能，并且计划投资 1630 亿美元用于可再生能源项目。

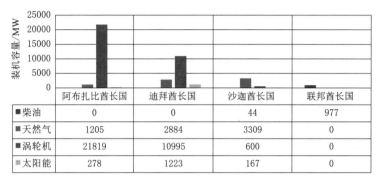

	阿布扎比酋长国	迪拜酋长国	沙迦酋长国	联邦酋长国
■柴油	0	0	44	977
■天然气	1205	2884	3309	0
■涡轮机	21819	10995	600	0
■太阳能	278	1223	167	0

资料来源：阿联酋统计局官网。

图 2-1　阿联酋 2021 年各酋长国发电装机容量

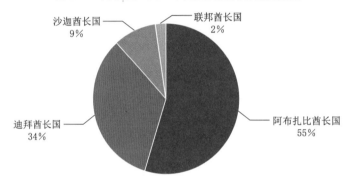

资料来源：阿联酋统计局官网。

图 2-2　阿联酋 2021 年各酋长国发电装机容量占比

2.1.2.2　发电量及构成

纵向上来看，阿联酋 2021 年的太阳能发电量为 5.14TWh，是 2015 年的 16.6 倍。但从总量上来看，太阳能发电量依旧只占全国发电量的很小一部分。阿联酋 2021 年全年发电量为 139.42GWh，而太阳能发电量仅占 3.6%。因此阿联酋也制定了一系列激进的政策来促进全国范围内可再生能源的发展。阿联酋 2015—2021 年太阳能发电量见图 2-3。

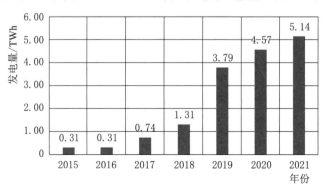

图 2-3　阿联酋 2015—2021 年太阳能发电量

2.1.2.3　电网结构

阿联酋电力工业发展较晚，但现今连接所有酋长国的电网系统建设已非常完善，整体电能传输效率较高，损耗较低。此外，阿联酋已实现同埃及和沙特阿拉伯电网互通，总输电能力达 3GW，该电网不仅能满足埃及与沙特之间用电峰值时的电力分享，同时也会使海湾合作委员会（GCC）的成员从更广的电力交换网中获得相应的电力交换和电能交易。目前，阿联酋正在积极参与价值约 10 亿美元的海湾合作委员会区域电网项目，项目建成后电网可跨境连接其他 6 个海湾国家。预计在基础设施投资方面，未来 10 年至少 1200 亿美元的投资需要注入到海湾地区来满足市场的需求。

阿联酋输配电网变电容量见图 2-4。阿联酋主要电压等级包括132kV、33kV、22kV、11kV 和 0.4kV，总输配电网络长达 6.4 万 km，其 中 11kV 和 0.4kV 合 计 长 达 5.2 万 km， 占 比 80% 以 上。 此 外，132kV/22kV、132kV/11kV、33kV/11kV 为主要的输电网，变电容量分别为 5360MVA、6400MVA、13358MVA；22kV/0.4kV、11kV/0.4kV 为配电网，变电容量分别为 2960MVA、32601MVA。

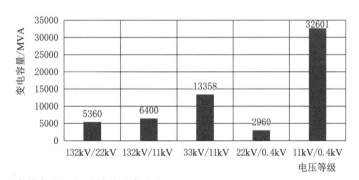

资料来源：阿联酋能源部年报。

图 2-4　阿联酋输配电网变电容量

2.1.3　电力管理体制

2.1.3.1　机构设置

阿联酋能源部（The Department of Energy，DoE）统管全国电力事务，负责全国统一输电网络的管理和运营，各酋长国在紧急用电时可以互送电力。但是，由于其独特的政治体系，具体事务则主要由四大行政区域酋长国的有关机构分别负责，各辖区内的电力市场也因不同酋长国的政治特征展现出不同的面貌。从占全国领土 80% 以上的阿布扎比酋长国来看，其电力市场是寡头模式，阿布扎比电力及水务局（ADWEA）通过下属的各类全资子公司来统管全境的电力运营，包括阿布扎比电力及水务公司（ADWEC）、阿布扎比传输公司（TRANSCO）、阿布扎比电力分配公司（ADDC）和阿莱因电力分配公司（AADC）等。除阿布扎比之外，由于领土面积较小，另外三个行政区域内的电力事务均由其电力及水务局负责管辖，包括迪拜电力及水务局（DEWA）、沙迦电力及水务局（SEWA）、联邦电力及水务局（FEWA）。

2.1.3.2　职能分工

能源部是阿联酋最高的电力管理部门，由能源部长及阿布扎比电力及水务局局长领导，主要负责境内及跨国能源战略的规划和推广，以提升阿联酋能源环境的安全性和多样性，实现经济、环境和社会的可持续发展。由于全国主要的电力输配网络基本都归阿布扎比电力及水务局旗下的阿布扎比电力分配公司、阿莱因电力分配公司管理，为更好地协调全国的电力资源，2018 年年底阿布扎比电力及水务局并入能源部。此外，在发电环节，主要由各大行政区域内的电力及水务局统筹，而在输电、配电以及售电环节，主要的电力网络基本集中于阿布扎比电力及水务局下属的全资子公司阿布扎比电力分配公司和阿莱因电力分配公司，其传输、分配及销售的电力资源均由阿布扎比传输公司从各大电站收购而来。

2.1.4　电力调度机制

在电力管理体制的基础上，阿联酋的电力调度主要由能源部和阿布扎比酋长国负责。其中，总体规划由能源部出具，具体的执行由阿布扎比电力及水务局统筹，迪拜、沙迦、联邦电力及水务局协同调度。

阿布扎比电力分配公司输配电网变电容量及其线路数量见图 2-5，阿莱因电力分配公司输配电网变电容量及其线路数量见图 2-6。目前阿联酋的电力传输网络主要由阿布扎比电力分配公司和阿莱因电力分配公司承担，总变电容量分别为 19638MVA 和 5480MVA，其中阿布扎比电力分配公司囊括了所有高电压等级的输电网络，而阿莱因电力分配公司主要承担较低电压等级的电力传输。

与输电网络相似，阿联酋的配电网络主要由阿布扎比电力分配公司和阿莱因电力分配公司承担，总变电容量分别为 25411MVA 和 10150MVA，其中阿布扎比电力分配公司的变电容量占比达 72%。

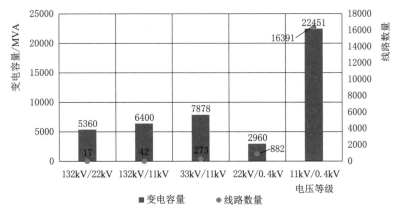

资料来源：阿联酋能源部年报。

图 2-5　阿布扎比电力分配公司输配电网变电容量及其线路数量

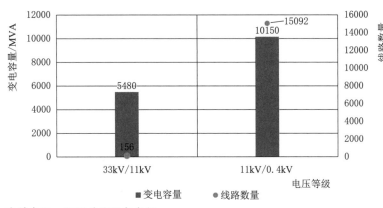

资料来源：阿联酋能源部年报。

图 2-6　阿莱因电力分配公司输配电网变电容量及其线路数量

2.2　主要电力机构

2.2.1　阿布扎比电力及水务局

2.2.1.1　公司概况

1. 总体情况

阿联酋最主要的电力公司是阿布扎比电力及水务局，其旗下包含两家子公司阿布扎比电力分配公司和阿莱因电力分配公司，基本垄断了全国的输、配、售电业务。此外，这两家子公司也协助阿布扎比电力及水务局负责全国水务相关的事宜，这两家子公司性质均属于国营企业。两家子公司的业务内容大致相同：电力输配网络的维护和运营、电力交易市场运营、电网扩建项目的规划和执行等。不同的是，两家公司所服务区域不存在交叉重叠，其中阿莱因电力分配公司主要负责阿莱因及其周边城市的电网运营，即阿布扎比东部地区，除此之外的地区均归阿布扎比电力分配公司统辖。

2. 经营业绩

根据能源部公布的统计数据，2018 年阿布扎比电力分配公司和阿莱因电力分配公司共服务 50 万用户，其中阿布扎比电力分配公司用户数为 35 万户，占比为 71%；总电力销量为 7932MW，其中阿布扎比电力分配公司电力销量为 5766MW，占比为 73%。阿布扎比电力分配公司和阿莱因电力分配公司经营业绩概况见图 2-7。

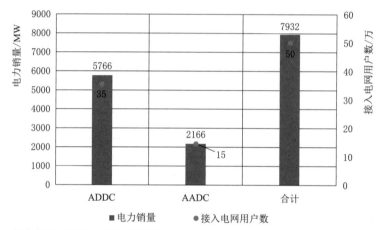

资料来源：阿联酋能源部年报。

图 2-7　阿布扎比电力分配公司和阿莱因电力分配公司经营业绩概况

2.2.1.2　历史沿革

阿布扎比电力分配公司和阿莱因电力分配公司成立于 1999 年，成立之初即为阿布扎比电力及水务局全资子公司。从 2018 年年底开始，跟随阿布扎比电力及水务局并入阿联酋能源部。

2.2.1.3　组织架构

阿布扎比电力及水务局由董事会领导，其中设董事会主席 1 名，董事 4 名，其中 1 名董事来自政府，1 名董事由总工程师担任。董事会下设 9 大部门，分别为法规部、公关部、消费者服务理事会、财务部、人力部、市场部、战略规划部、健康安全与环境管理部（Health-Safety-Environment，HSE）、执行理事会，在执行理事会再下设电力运营及管理理事会、资产管理理事会、项目执行处、水务运营及管理理事会 4 个部门。阿布扎比电力及水务局组织架构见图 2-8。

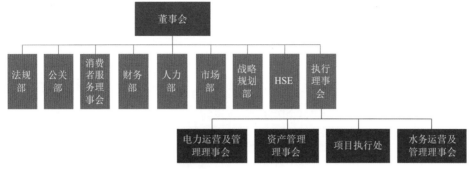

资料来源：阿布扎比电力及水务局官网。

图 2-8　阿布扎比电力及水务局组织架构图

2.2.1.4　业务情况

阿布扎比电力及水务局的主要作用是确保有足够的生产能力来满足所有合理的用电需求，通过与生产商签订的长期需求预测、发电规划、电力和水购买协议以及与电力分配公司的年度批量供应关税协议来实现这一作用。阿布扎比电力及水务局除发电业务以外，在电力行业产业链上的其他业务均有涉及，核心业务包括输电、配电以及售电。此外，在阿联酋能源部的统筹下，近年来阿布扎比电力及水务局开展了一系列太阳能发电的项目。

2.2.1.5　国际业务

阿布扎比电力及水务局主要参与的国际业务包括阿联酋与埃及、沙特阿拉伯电网互通项目，海湾合作委员会区域电网项目等。

2.2.1.6　科技创新

阿联酋致力于发展可再生能源，目前所关注的项目有光热电站项目以及光伏光热联合发电项目等。

1. 光热电站项目

2018 年 7 月 20 日，我国丝路基金同迪拜电力及水务局签订了与沙特国际电力和水务公司共同投资迪拜光热电站项目的协议。迪拜光热电站位于迪拜阿勒马克图姆（Mohammed bin Rashid Al Maktoum）太阳能园，合计发电容量 700MW，是目前全球规模最大的光热电站项目，是迪拜"清洁能源战略"的重要组成部分。丝路基金以股权方式投资该项目，上海电气集团股份有限公司为项目 EPC 总承包商。丝路基金投资迪拜光热电站项目，有助于"一带一路"建设与阿联酋能源发展战略有效对接，推动中阿双方在"一带一路"框架下的深入合作，助力我国电力企业转型升级并开拓国际市场。

2. 光伏光热联合发电项目

阿联酋迪拜阿勒马克图姆（Mohammed bin Rashid Al Maktoum）太阳能园区共有四期：园区一期为一个装机容量 13MW 的光伏电站，于 2013 年年底竣工，由 First Solar 公司交付；二期为装机容量 200MW 的光伏电站，于 2017 年 3 月投运，由沙特水电公司 ACWA 与西班牙工程公司 TSK 组成的联合体共同交付；三期为装机容量 800MW 的光伏电站，由法国项目开发商 EDF（法国电力公司）承建，其中 200MW 的光伏项目已于 2018 年 5 月投运，另外两个 300MW 的光伏项目分别于 2019 年和 2020 年投运，三期项目当时的中标电价 2.99 美分 /kWh 刷新了光伏的最低价纪录；四期 700MW 光热发电综合体项目将扩容至 950MW。项目配备世界上最大的储热能力，每年能够为迪拜 270000 多住户提供清洁电力，每年减少 140 万 t 碳排放量。其中 3 个 200MW 的槽式电站将配备 12h 熔盐储能系统。2018 年 11 月，迪拜电力及水务局与此前中标 Mohammed bin Rashid Al Maktoum 太阳能园区第四期 700MW 光热发电项目的 ACWA Power 和上海电气联合体签署了关于该项目的购电协议（PPA）修订案。修订案内容包括增加 250MW 的光伏装机，协议光伏电价刷新世界最低光伏电价 2.4 美分 /kWh。这使得 Mohammed bin Rashid Al Maktoum 太阳能园区第四期的项目构成由原先的单一光热电站变为光伏 + 光热混合电站，其 700MW 光热电站的签约 PPA 电价为世界最低光热电价 7.3 美分 /kWh。该项目创下了光伏和光热两个世界最低电价的纪录。

3. 能源研究

在阿联酋的马斯达尔学院成立了可再生能源测绘和评估研究中心（ReCREMA），以支持阿联酋和国际可再生能源机构（IRENA）推进可公开获取的太阳能和风能资源地收集。阿联酋政府授权 ReCREMA 开发国家级太阳能和风能资源绘图工具。该中心一直积极参与太阳能资源评估、太阳能技术和遥感领域的研究。通过本地和国际合作，ReCREMA 在干旱和多尘环境中提升了可再生能源评估和测绘领域的区域知识和领导力。

马斯达尔学院专注于包括可再生能源在内的一些能源研究，其中也包括如何使传统能源变得效率更高，并且拥有四个研究中心和五个高度专注的赞助研究项目。其中能源研究中心（iEnergy）致力于促进可持续生产、运输、温室气体减排和可持续能源系统所需的知识储备和技术研究。

目前，能源研究中心研究的主要领域如下：

（1）可持续能源生产，主要包括可再生能源和太阳能技术，碳捕获、利用和储存（CCUS），生物能源的发电和输送，先进材料的能源应用。

（2）通过电网和微电网进行能量传输和分配。包括可再生能源电站的电网整合、混合微电网、新兴的交流和直流系统、FACT（柔性交流输电）应用，以及经济、安全和稳定运行的电力系统和网络互联的系统优化。

（3）能源效率。包括智能建筑和智能电网技术、节能技术和公用事业互动、工业效率和废物利用、先进的冷却技术和节能建筑。

（4）热能、化学能和电能存储。包括用于储能和能量收集的先进材料开发及相关设计工作，特别是应用于集中式太阳能发电系统的能量存储。

（5）先进的生物基材料。包括生物衍生复合材料、材料和化学品、生物基和生物材料、可生物降解材料、多功能 / 智能材料、轻质材料 / 结构和涂层技术。

2.3 碳减排目标发展概况

2.3.1 碳减排目标

根据 2022 年 9 月发布的《阿联酋国家自主贡献报告》，到 2030 年阿联酋全国的温室气体排放量减少 31%（此前目标为 23.5%），在正常商业环境情况下预计当年排放量为 3.01 亿 t，实现该目标意味着要减少 9320 万 t 排放。该报告规定了主要行业减排目标，其中发电部门为减排贡献最大，占到减排量的 66.4%，工业部门占 16.6%，运输部门占 9.7%，碳捕获、利用和储存部门占 5.3%，垃圾处理部门占 2.1%。并在 2050 年前实现碳中和。

2.3.2 碳减排政策

阿联酋将《2050 国家气候变化计划》以及《国家气候适应计划》作为管理碳排放的主要政策。

《2050 国家气候变化计划》寻求在维持经济增长的同时管理温室气体排放；通过最大限度地减少风险和提高气候适应能力来建立气候适应能力；通过创新解决方案推进该国的经济多元化议程。《2050 国家

气候变化计划》旨在解决短期、中期和长期增长的差距并寻找相关
发展机会。

《国家气候适应计划》旨在对公共卫生、能源、基础设施和环境部
门进行系统性风险评估，通过最大限度地减少风险和提高应对能力来提
高气候适应能力，特别是在弱势群体中，如妇女、老年人、残疾人和将
承受气候变化日益严重影响的年轻人。

2.3.3 碳减排目标对电力系统的影响

阿联酋近年来开始推广太阳能发电。阿联酋具有巨大的太阳能发电
潜力，由于太阳能价格下降，其能源政策已发生重大变化。《迪拜清洁
能源战略》旨在到 2030 年将迪拜的 25% 的发电量交由清洁能源，这一
数字到 2050 年将提升至 75%。

纵向上来看，阿联酋 2021 年的太阳能发电量为 5.14TWh，是 2015
年的 16.6 倍。但从总量上来看，太阳能依旧只占全国发电量的很小一部
分。阿联酋 2021 年全年发电量为 139.42GWh，而太阳能发电量仅占 3.6%。
因此阿联酋也制定了一系列激进的政策来促进全国范围内可再生能源的
发展。

2.3.4 碳减排相关项目推进落地情况

目前阿联酋国内除了清洁能源这一常规的碳减排项目陆续开工之
外，还积极推动"绿氢"和"蓝氢"的开发，特别是充分利用其石油
资源优势的"蓝氢"。阿联酋主要通过产业主体来推动氢能的开发。
在阿联酋政府的引导下，阿联酋国家石油公司和阿联酋钢铁公司已经
达成相关合作，由阿联酋国家石油公司捕获钢铁公司炼钢所生产的二
氧化碳，并将其注入油库，通过 CCUS（碳捕集、利用与封存）技术
制造"蓝氢"。该项技术至少能够帮助阿联酋钢铁公司减少 90% 的碳
排放量。

2.4 储能技术发展概况

2.4.1 储能技术发展现状

一直以来，阿联酋政府高度重视发展包括太阳能、风能在内的可再

生能源，加速本国的能源转型。2021年10月，阿联酋正式提出《2050年净零碳排放战略倡议》，宣布阿联酋将在可再生能源领域投资超过6000亿迪拉姆，目标是到2050年实现温室气体净零碳排放，由此，阿联酋也成为中东产油国中首个提出净零碳排放战略的国家。

2.4.2　主要储能模式

阿联酋目前已经规模化、产业化的储能设施几乎100%为电化学储能。

2.4.3　主要储能项目情况

储能技术是发展可再生能源的关键一环。与传统能源发电不同，可再生能源发电单机容量小、数量多、布点分散，且具有显著的间歇性、波动性、随机性特征，这就要求储能技术必须跟上可再生能源的发展，"可再生能源＋储能"的模式已是行业大势所趋。阿联酋地处沙漠地区，虽然具备较好的太阳能资源，但沙漠高温的极端气候也对储能技术提出了更高的要求。除了热储能，阿联酋还大力发展氢储能。氢储能技术是利用电力和氢能的互变性而发展起来的。氢储能既可以储电，又可以储氢及其衍生物，如氨、甲醇等。

项目方面，阿联酋马斯达尔日前宣布启动一项热能储存电力项目，采用再生铝合金相变材料储热技术，将能量以热量的形式存储在由回收铝和硅制成的金属合金中，并利用发电机将其转化为电能，可在一天中的任何时间按需供应电力和可用热量。根据项目中的三方合作协议，阿布扎比国家石油公司将利用其在传统能源领域的优势引领"蓝氢"的发展，而马斯达尔将凭借在清洁能源领域的丰富经验专注于"绿氢"产业，阿布扎比控股公司将专注于"绿氢"产业。

2.5　电力市场概况

2.5.1　电力市场运营模式

除发电以外，阿联酋的电力市场主要由阿布扎比电力及水务局旗下全资子公司阿布扎比电力分配公司和阿莱因电力分配公司垄断，并拥有全国电网的定价权。其中，在发电和输配售电之间主要通过阿布扎比电力及水务局旗下另一家全资子公司阿布扎比传输公司来连接。

阿联酋电力结算主要集中在阿布扎比电力及水务局，并拥有最终解释权。

2.5.2　电力市场监管模式

阿联酋的电力监管机构是能源部内部设置的监管委员会（Regulation and Supervision Bureau），负责阿联酋国内包括电力全产业链在内的能源领域相关法规制定及修改、政策推行及监督、电价监管及协调、争议及仲裁等。

监管委员会在电力行业方面的主要监管对象包括各酋长国电力及水务局及其下属公司，以及国家核能监管局。

监管委员会对电力市场的监管内容主要包括各酋长国内的发电厂建设及发电情况、发电厂电力资源销售情况、电力输配售情况、电力交易许可证的审核和发放、法律听证及争议仲裁等。

2.5.3　电力市场价格机制

阿联酋国内的电力价格主要由阿布扎比电力分配公司和阿莱因电力分配公司制定，并以每年的消费者价格指数为基准，受价格控制系统"CPI-X"制约，以期为阿联酋企业及居民提供最合适的价格。阿联酋电价见表 2-1。（1 阿联酋迪拉姆≈ 0.27 美元）

表 2-1　　　　　　　　　　阿联酋电价　　　　　　单位：阿联酋迪拉姆 /kWh

公寓外籍居民日用电量		别墅外籍居民日用电量		工业用电	
< 20kWh	≥ 20kWh	< 200kWh	≥ 200kWh	< 1MW	≥ 1MW
0.268	0.305	0.268	0.305	0.268	高峰期 0.366 低谷期 0.27

资料来源：中国驻阿联酋大使馆经商参赞处。

2.6　综合能源服务概况

2.6.1　综合能源服务发展现状

目前阿联酋的综合能源发展还是以独立项目进行散点形式的开发为主。这些项目包括绿色建筑法规、建筑改造、能源管理、高效电器、高效街道照明、水再利用和高效灌溉、太阳能计划、废弃物发电和节能车辆。

推动因素包括意识和能力建设、融资机制、研究和创新、信息系统以及政策和监管。没有形成统一的管理,绝大部分项目均由民间资本发起,项目的立项标准、审核标准均不清晰。暂时没有系统性的、统一的综合能源发展规划。

2.6.2 综合能源服务案例

2022 年 11 月,Positive Zero 项目正式成立。这是一个综合能源型平台,由阿联酋三家领先的分散式清洁能源解决方案提供商合并而成。此平台通过降低能源成本和碳足迹,帮助广大客户发展可再生能源业务。该公司利用其对领先技术以及实时数据和分析的访问来提高客户的整体能源绩效。目前 Positive Zero 拥有超过 100MW 的自建和代运营的太阳能发电资产,以及超过 1200 万 $ft^2$❶ 实施了冷却、照明和其他提升能源效率措施的建筑。除阿联酋外,Positive Zero 最近还在沙特阿拉伯开展业务,并计划在更广泛的 MENAT(中东、北非和土耳其)地区扩大业务。

Positive Zero 针对各种各样的客户,包括工业设施、购物中心、酒店、学校和大学、医院、运输和物流提供商以及住宅和商业建筑。它是一家整合了设计、建造、持有、运营和资助各种可持续解决方案的公司,使其客户能够从一刀切的集中式用电模式转向更灵活、更经济的用电模式。

---

❶ $1ft^2 \approx 0.09290304m^2$。

第3章

▪ 阿 曼

3.1 能源资源与电力工业

3.1.1 一次能源资源概况

阿曼于 20 世纪 60 年代开始开采石油。截至目前,阿曼已探明石油储量约 7 亿 t(54 亿桶),2021 年产量约 0.49 亿 t(3.44 亿桶),日均产量约 97.1 万桶。已探明天然气储量约 0.7 万亿 m^3,2021 年产量 323 亿 m^3。除石油和天然气外,阿曼境内发现的矿产资源还有铜、金、银、铬、铁、锰、镁、煤、石灰石、大理石、石膏、磷酸盐、石英石、高岭土等。具体情况为:铜矿储量约 1500 万 t,铬矿储量约 250 万 t,铁矿储量约 1.2 亿 t,锰矿储量约 150 万 t,煤矿储量约 1.2 亿 t,石灰石储量约 3 亿 t,大理石储量约 1.5 亿 t,石膏储量约 12 亿 t。根据 2022 年《BP 世界能源统计年鉴》,阿曼 2021 年一次能源消费量达到 3585 万 t 油当量,其中石油消费量达到 1003.8 万 t 油当量,天然气消费量达到 2533.4 万 t 油当量。

3.1.2 电力工业概况

3.1.2.1 发电装机容量

阿曼电力市场是由三个独立的细分市场组成:阿曼北部的主要互联系统、农村电力系统和佐法尔电力系统。阿曼 2018—2021 年发电装机容量见图 3-1,发电装机构成见图 3-2。截至 2021 年年底,总装机容量为 8262MW,其中阿曼北部的主要互联系统装机容量为 7155MW,占比最大,为 87%;佐法尔电力系统占比位于第二,为 8%,其装机容量为 702MW;农村电力系统占比为 5%,装机容量为 405MW。

3.1.2.2 发电量及构成

阿曼 2018—2021 年发电量构成见图 3-3。截至 2021 年,阿曼总发电量为 35.00TWh,其中主要互联系统的发电量占比为 88%,其发电量为

30.79TWh；佐法尔电力系统发电量占比为9%，发电量为3.20TWh；农村电力系统占比为3%，发电量为1.01TWh。依据国际能源署资料，阿曼全国用电覆盖率达98%，发电能源主要为天然气。

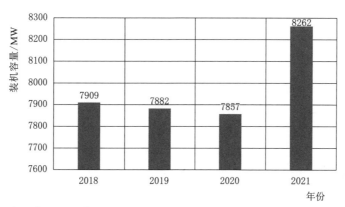

数据来源：阿曼电网公司。

图 3-1　阿曼 2018—2021 年发电装机容量

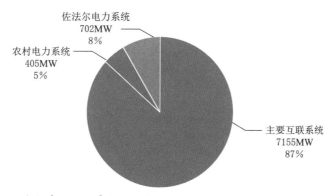

数据来源：阿曼电网公司。

图 3-2　阿曼发电装机构成

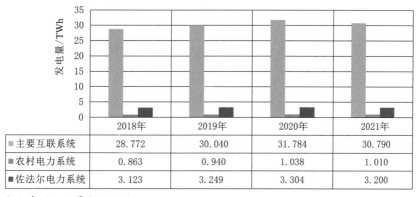

	2018年	2019年	2020年	2021年
■ 主要互联系统	28.772	30.040	31.784	30.790
■ 农村电力系统	0.863	0.940	1.038	1.010
■ 佐法尔电力系统	3.123	3.249	3.304	3.200

数据来源：阿曼电网公司。

图 3-3　阿曼 2018—2021 年发电量构成

3.1.2.3　电网结构

到 2021 年年底，阿曼的输电网络总长大约 5824.64km，变电容量大约 34512MVA，电压等级包括 132kV、220kV 和 400kV。在 2006—2018 年间，线路长度和变电容量分别以 7.5% 和 14.3% 的复合年增长率增长。

除了国内输电网络外，阿曼的电网还通过从玛德哈电网站到阿布扎比的 220kV 线路与阿联酋的输电系统相互连接，此线路于 2011 年建成。阿曼还通过海湾合作委员会互联管理局的电网互联系统与其邻国连接，该系统促进了六个国家的电网互联，即科威特、沙特阿拉伯、卡塔尔、巴林、阿联酋和阿曼。

3.1.3　电力管理体制

3.1.3.1　机构设置

阿曼电力市场的管理机构主要由电力监管局、电力和水务公共管理局、农村电力公司、阿曼水电采购公司以及阿曼输电公司组成。

3.1.3.2　职能分工

电力监管局基于皇家法令并根据《电力和相关水部门管理和私有化法》（简称《电力法》）第 19 条于 2004 年成立，主要负责制定电力和水务部门的规定，并提供电力和供水服务。以下活动由电力监管局颁发许可：发电、输电、配电、出口、进口或供电；用于海水淡化的发电；中央调度；国际互联系统的发展和运营。此外，电力监管局负责执行国家的一般政策，并协调该部门各部委、组织和利益相关方之间的活动。

电力和水务公共管理局提供供水和电力服务，是一个政府机构，根据皇家法令于 2007 年 9 月 9 日成立。在战略、政策和研究总局下设可再生能源部门，负责阿曼可再生能源战略和试点项目的规划。

农村电力公司为全国客户提供电力。它根据第 78/2004 号皇家法令和《电力法》于 2005 年成立。该公司根据电力监管局颁发的许可证负责发电、输电、配电和供电以及海水淡化。皇家法令 79/2004 还发布了电气化资金，该资金用于在偏远地区的电力建设。根据世界银行的数据，阿曼的电力覆盖率达到 98.0%。

阿曼水电采购公司是该国电力供应的规划机构，负责确保该国的电力和水的生产能力，以及所有电力和水的单一购买者的项目。在每 7 年一次的发展计划中会发布新设的电力和水力项目，并由私营部门进行竞争性招标和开发。

阿曼输电公司成立于 2005 年，负责该国的输电网络建设与运营。

3.1.4 电网调度机制

负荷调度中心是阿曼输电公司运营协调和调度活动的集中部门。该部门由主要控制中心组成，备用控制中心正在不同的位置进行建设，塞拉莱的区域控制中心负责与佐法尔地区有关的活动。这些控制中心共同构成了重要的基础设施，以确保阿曼输电公司实现安全、可靠和经济的传输和调度的目标，并为实现阿曼输电公司的愿景和使命做出贡献。

负荷调度中心主要负责以下内容：

（1）运营协调。协调传输系统中的各种运营，从规划阶段到实际运营，包括维护和处理任何相关的突发事件。

（2）调度。实时平衡系统负载与发电的主要功能。此活动从负荷预测、发电维护计划、电力调度和水量调度开始，然后实时发出调度指令。

（3）通信、数据采集与监视控制。通信和计算机基础设施的规划、实施和维护，促进了业务协调和调度。

（4）发布与系统性能相关的运营报告。

（5）收集和发布能源结算报告，用于该部门的公司间结算。

3.2 主要电力机构

3.2.1 阿曼输电公司

3.2.1.1 公司概况

1. 总体情况

阿曼输电公司于 2005 年 5 月成立，由阿曼电力监管局颁发许可证，公司有权开展以下活动：传输电力，资助、开发、拥有和维护其传输系统；开发和运营与其传输系统相连的相关生产设施的中央调度系统或连接到其传输系统的系统；在《行业法》和许可证允许的范围内，设计、拥有、运营和维护电网；根据《电力法》第 88 条和许可证获得农村地区电力公司的某些资产；履行《电力法》赋予的其他职能。

阿曼输电公司在阿曼电力部门中发挥着至关重要的作用，拥有并运营阿曼主要输电网络以及佐法尔的输电网络。阿曼主要输电网络电压等级在 132kV 及以上。通过该网络将电力从发电厂传输到阿曼各省负荷中心。作为阿曼经济调度责任的一部分，阿曼输电公司承担阿曼经济调度的责任，确保发电和负荷需求的平衡。

2. 经营业绩

截止到 2018 年年底，阿曼输电公司的总收入约 7.84 亿美元，其中输电业务的收入为 1.978 亿美元，配电业务收入为 5.824 亿美元，其他收入为 401.96 万美元。

3.2.1.2 组织架构

阿曼输电公司下属三个独立且不同的细分市场：阿曼北部的主要互联系统、农村电力系统和佐法尔电力系统。主要互联系统和佐法尔电力系统的交易主要受阿曼输电公司监管。农村电力系统是一个垂直整合的实体，经其许可证授权，可以向其授权区域内的客户提供淡化水和发电、输电、配电和供电服务。

3.2.1.3 业务情况

阿曼输电公司运营主要互联系统、佐法尔电力系统。通过网络将电力从发电厂传输到阿曼各省的配电负荷中心，维持每天每时的发电和需求平衡。

1. 发电

截止到 2018 年年底，阿曼总输出电量为 32TWh，其中主要互联系统的发电量为 29TWh，佐法尔电力系统发电量为 3TWh。

2. 输电

截止到 2018 年年底，总输电长度 5824.64km。其中 220kV 输电线路长度为 1591km；132kV 输电线路长度为 3337.78km；220kV 地下电缆总长度为 63.94km；132kV 地下电缆长度为 147.92km；400kV 输电线路为 684km；并已有 50 座变电站和 47470MVA 的变电容量，系统可靠性达到 99.78%。阿曼输电公司输电线路长度见表 3-1。

表 3-1　　　　　　　　　阿曼输电公司输电线路长度

名　　称	长度 /km
220kV 输电线路	1591
132kV 输电线路	3337.78
220kV 地下电缆	63.94
132kV 地下电缆	147.92
400kV 输电线路	684

3.2.1.4 国际业务

2019 年 12 月 15 日，中国国家电网有限公司已与阿曼输电公司达成协议，在该协议中，中国国家电网有限公司将获得阿曼输电公司 49% 的股权，这也是中东地区非产油国历史上最大的一笔并购案，同时也是中国企业对阿曼单笔金额最大的投资项目。该项目是国家电网有限公司推动共建"一带一路"取得的又一新突破，对深化中阿战略伙伴关系，推动两国电力能源合作再上新台阶具有重要意义。

3.3 碳减排目标发展概况

3.3.1 碳减排目标

阿曼于 2021 年 7 月提交了第二个《国家发展计划》，即到 2030 年达到"一切照旧"情况下 7% 的有条件减排目标。在"一切照旧"的情况下，政府估计到 2030 年温室气体排放量约为 1.25 亿 t 二氧化碳当量；7% 的削减将把温室气体排放量限制在 1.16 亿 t 二氧化碳当量（高于其 2019 年第一个《国家发展计划》中的 2%）。阿曼政府已承诺在 2050 年之前实现净零排放。该国正在准备一项实现该目标的国家计划，并成立阿曼可持续发展中心来监督和跟进碳中和计划和方案。

3.3.2 碳减排政策

阿曼《可再生能源战略研发计划》已于 2012 年年底制定，由公共水电局（PAEW）领导的委员会与研究委员会合作完成。该计划的目标如下：

（1）提高阿曼在可再生能源领域的能力，并为此制定支撑方案。

（2）充分利用与可再生能源有关的各种国际合作平台，特别是国际可再生能源署。

（3）制定可再生能源发展战略的研究方案。

（4）建立学术界和工业界之间的相互合作。

（5）改善政府与国内学术机构在可再生能源开发方面的沟通。

（6）处理各学术机构、不同地区的研究成果。该战略研发计划也将成为阿曼未来可再生能源发展的重要指导方针。

除了国家能源战略外，阿曼还开始了"阿曼电力部门节能总体规划研究"，旨在为 2023 年电力行业制定能源效率和节能（EE&C）总体规划，其目标是使电力部门的经济、能源政策制度化，提高需求方的效率，同时节约电力和燃料。在世界范围内，建议将不同地区、不同形式的可再生能源连接并利用起来。提高能源效率和发展可再生能源已成为加强能源安全和广泛促进可持续发展的主流政策方针。与供应方相比，在需求方，即能源效率方面，存在着更大的可提高空间。因此，能源效率已成为能源安全和环境保护的能源政策的基石。能源效率和可再生能源政策对于确保可持续和安全的能源发展至关重要。

3.3.3 碳减排目标对电力系统的影响

阿曼于 2019 年才开始着手发展可再生能源，截止到 2021 年，阿曼全国的清洁能源发电量为 364.74GWh，是 2019 年的 14 倍，其中太阳能发电量为 260.73GWh，风能发电量为 104.02GWh，但仅占全国发电量（35000GWh）的 1%。

阿曼希望稳步增加其太阳能发电量，而政府拥有的公用事业集团纳马控股（Nama Holding）计划从 2019 年开始每年交付一个新的太阳能项目，但受到新冠疫情的影响，各项工程计划几乎都受到了较大的影响。阿曼水电采购公司（OPWP）于 2019 年 3 月获得了该国第一座太阳能独立发电厂（IPP）的 500 MW Ibri Ⅱ 项目的合同。Ibri Ⅱ 项目预计将耗资超过 4 亿美元，能够为大约 33000 户家庭供电。该项目计划于 2021 年 6 月投入商业运营，但直到 2022 年 1 月才刚刚完工，并且商业投运被延期至 2023 年。OPWP 发出的第二个太阳能 IPP 项目由两家总装机容量为 1.1GW 的电厂组成，位于马斯喀特西南约 150km 的 Ad-Dhahirah 地区。这些项目的合同原本定于 2020 年第三季度进行招标，并在 2022 年投运，但目前这些项目均未开始招标工作，项目进度也被无限期搁置。

3.3.4 碳减排相关项目推进落地情况

阿曼目前国内除光伏项目之外，并无直接与碳减排相关的其他项目。其中最大光伏项目为 Ibri Ⅱ 项目。

Ibri Ⅱ 是一个 500MW 太阳能发电项目（建成后实际为 607MW），位于阿曼的 Ad-Dhahirah 地区，这是阿曼第一个公用事业规模的可再生能源设施，也是阿曼《国家能源计划》中最大的光伏项目。

Ibri Ⅱ项目由 Shams Ad-Dhahirah 发电公司以"建设—拥有—移交"模式来开发，该公司由 ACWA Power（50%）、海湾投资公司（40%）和替代能源公司（10%）联合持股。公司与阿曼电力和水资源采购公司签署了 15 年的电力采购协议。

该项目投产后，年发预计电量 159 万 MWh，可满足当地 5 万户家庭的年用电，同时，每年可减少碳排放 34 万 t。

中国电力建设集团有限公司的子公司中国电建华东工程公司（HDEC）是该项目的工程、采购和施工（EPC）承包商。项目于 2022 年 1 月竣工，于 2023 年初正式投入使用。

3.4　储能技术发展概况

3.4.1　储能技术发展现状

目前阿曼国内暂时没有大规模应用的储能技术。其零星的储能项目主要也以光伏配套的电化学储能为主。

3.4.2　主要储能项目情况

阿曼当前的可再生能源发展较为落后，官方也尚未制定针对储能的特别政策。目前阿曼的储能仅存在于企业合作的项目层面，并且储能也主要以新能源制氢为主，传统的电化学储能发展较为落后。

Air Products 公司、OQ 公司和 ACWA Power 公司在阿曼签署了一项数十亿美元的"绿氢"生产项目。该项目规划在阿曼的 Sohar 自由区，将整合太阳能、风能和储能等可再生能源电解制氢、空分制氮并生产绿色氨。该项目非常符合阿曼的可再生能源战略，并促进了替代能源资源的投资，这两者都有助于阿曼的"2040 愿景"。

3.5　电力市场运营模式

3.5.1　市场构成

阿曼没有单一的互联电网，主要有三个供电系统：主要互联系统，满足阿曼北部的需求；佐法尔地区的电力系统；农村电力系统，由农村电力公司运营。

作为重组计划的一部分，在发电领域，阿曼政府成立了阿曼国家电力控股公司。该公司为一家专门用于发电公司控股的国有公司，阿曼政府通过该控股公司直接持有并控制两家发电公司。另外，在输配电和电力交易领域，阿曼政府还通过政府金融部门，以电力部为主体，持有三家配电公司的大部分股权，并控制阿曼输电公司（负责阿曼国内的输电业务）、阿曼水电采购公司（负责阿曼国内的电力及水资源交易活动）、佐法尔电力系统运营商以及农村电力系统运营商（负责佐法尔和农村地区电力系统的运营活动）。

3.5.2 结算模式

电力监管局主要根据输电与配电成本来制定电价。

输电成本的确定主要根据《电力传输和调度许可证条件》第 20 条，阿曼输电公司须每年进行公告并列出相关成本，包括建设成本、输电线维护保养成本、相关设备采购成本以及相关系统建设成本等。另外，输电公司可在该成本的基础上加收一定数量且范围合理的溢价作为其资本投入的回报。

对于配电系统，其成本根据《分销及供应许可证条件》第 30 条，持牌配电公司须每年发出声明，列明系统收费的分配用途，包括配电系统的建设、维护、保养、电表安装等成本。另外，配电公司可在该成本的基础上加收一定数量且范围合理的溢价作为其资本投入的回报。

批发电价则主要通过电力批发许可方的成本来确定，各批发电力的许可方应按照自身行业的标准来进行电力成本核算，同时提交电力监管局进行成本批准。在电力方面，电力监管局每年需批准大系统的批发电价，包括主要互联系统以及佐法尔电力系统的批发电价。而批量供应费用涉及被许可方对大量供电或淡化水征收的许可方费用，应按被许可方各自的许可和行业法的规定计算，并且必须得到电力监管局的批准。电力监管局每年批准四项批量供应费用：主要互联系统电力批发费用、佐法尔电力系统批发费用、阿曼水电采购公司水批发费用和农村电力系统的水批发费用。根据《电力法》第 74 条和《电力和水力采购许可证条件》第 21 条，阿曼水电采购公司必须向许可供应商大量供电并向水部门大量供应淡化水。此外，所有的批量供应费用需电力监管局批准。

3.5.3 价格机制

在阿曼不同行业的电价是有区别的。除了商业和国防部门及苏丹特种部队的电价为统一电价以外，工业行业根据不同月份的电费价目而产生变化，而其他行业的电价是根据不同行业的电力消费量而产生的。阿曼电力价格分类见表3-2。

表 3-2　　　　　　　　　　阿曼电力价格分类

不同分类	电 价 结 构				
工业	除了佐法尔以外的所有地区			佐法尔地区	
	9月至次年4月的价格：12Bz/kWh			8月至次年3月的价格：12Bz/kWh	
	5—8月的价格：25Bz/kWh			4—7月的价格：24Bz/kWh	
商业	统一价格：20Bz/kWh				
国防部和苏丹特种部队	统一价格：20Bz/kWh				
住宅	0~3000kWh	3001~5000kWh	5001~7000kWh	7001~10000kWh	>10000kWh
	10Bz/kWh	15Bz/kWh	20Bz/kWh	25Bz/kWh	30Bz/kWh
政府	0~3000kWh	3001~5000kWh	5001~7000kWh	7001~10000kWh	>10000kWh
	10Bz/kWh	15Bz/kWh	20Bz/kWh	25Bz/kWh	30Bz/kWh
农业和渔业	0~7000kWh			>7000kWh	
	10Bz/kWh			20Bz/kWh	
旅游业	0~3000kWh	3001~5000kWh	5001~7000kWh	>7000kWh	
	10Bz/kWh	15Bz/kWh	20Bz/kWh	20Bz/kWh	

注　1000派沙（Bz）=1里亚尔 =2.6美元。

第4章

■ 巴基斯坦

4.1 能源资源与电力工业

4.1.1 一次能源资源概况

巴基斯坦的地质构造比较复杂，其矿产资源比较丰富，已探明的矿产地有 1000 处以上。尽管目前巴基斯坦尚未发现具有世界意义的重大矿床，但从其成矿地质环境看潜力比较大。目前已探明的矿藏中天然气、石油、煤、铝土、大理石、铬、铜、花岗岩、宝石等储量较大。天然气储量达到 4920 亿 m^3，煤炭储量达到 1850 亿 t，石油储量达到 1.84 亿桶，铁矿 4.3 亿 t，铝土 7400 万 t，大理石 1.6 亿 t，铬 1000 万 t，铜矿约 5 亿 t，花岗岩 1 万亿 t，宝石 160 万~200 万克拉。其中天然气、铬和大理石开采最多，品质也较高，铜矿也开始进入开采阶段。近几年来，由于巴基斯坦加大了对矿物的勘探力度，还相继发现了金、银、铅、锌等品种的矿藏。

根据 2022 年《BP 世界能源统计年鉴》，巴基斯坦 2021 年一次能源消费量达到了 9225.4 万 t 油当量，其中石油消费达到 2437.8 万 t 油当量，天然气消费达到 3847.9 万 t 油当量，煤炭消费达到 1601.3 万 t 油当量，核能消费达到 334.6 万 t 油当量，水电消费达到 860.4 万 t 油当量，可再生能源消费达到 119.5 万 t 油当量，其他能源消费达到 23.9 万 t 油当量。

4.1.2 电力工业概况

4.1.2.1 发电装机容量

巴基斯坦 2019—2020 年各类型能源发电装机容量见图 4-1。2020 年，巴基斯坦的总装机容量为 38719MW，其中大约 35735MW 与巴基斯坦国家电网（NTDC）系统相连，另有大约 2984MW 装机容量与 K-Electric Limited（KEL）系统相连。相较 2019 年，巴基斯坦全国总装机容量下降了 276MW。根据国家电网的最新信息和国家电力监管局

（NEPRA）的分析，巴基斯坦国家电网计划在 2025 年将入网装机容量提升至 60183MW，非入网的连接至 KEL 系统的装机容量也将在 2023 年达到 5300MW。但是该目标可能无法实现，因为包括水电项目在内的一些电力项目需要大量的技术和财务先决条件才能完成。

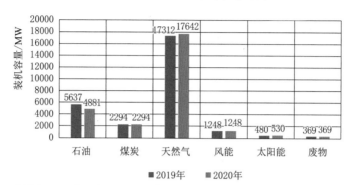

资料来源：《巴基斯坦工业情况报告 2020》。

图 4-1　巴基斯坦 2019—2020 年各类型能源发电装机容量

4.1.2.2　发电量及构成

巴基斯坦 2020 年各类型能源发电量占比见图 4-2。2020 年，巴基斯坦全国总发电量为 134745.70GWh，其中 83463.44GWh（61.70%）来自于火电；其次为水电，发电量为 37425.41GWh，占比 27.67%；第三为核电，发电量为 9704.89GWh，占比 7.18%；可再生能源发电量为 4151.91GWh，占比 3.07%；另外还有 513.74GWh 的电力从伊朗进口，占总发电量的 0.38%。2020 年巴基斯坦全国发电量较 2019 年（136532.00GWh）下降 1786.30GWh，减少率达 1.30%。

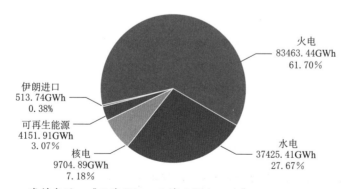

资料来源：《巴基斯坦工业情况报告 2020》。

图 4-2　巴基斯坦 2020 年各类型能源发电量占比

4.1.2.3　电网结构

巴基斯坦全国输电网络以巴罗塔水电站、拉瓦特（首都附近）、拉合尔、木扎法戈（木尔坦附近）、卡拉奇为中心，向周边地区辐射分布，总体呈"东密西疏"的格局。输电线路建设缓慢，北部吉尔吉特•巴蒂斯坦区域至今未被覆盖。巴基斯坦电网由巴基斯坦国家输配电公司负责运营。截至目前，公司共计运营和维护 16 个 500kV 和 43 个 220kV 变电站，7238km 500kV 输电线路和 11281km 220kV 输电线路。巴基斯坦的电损率在 20% 以上，每年的线损近 200 亿 kWh。因此，巴基斯坦正在积极寻求双边和多边援助，建设高压线路，改造电网。

4.1.3　电力管理体制

4.1.3.1　机构设置

巴基斯坦电力管理机构主要包括巴基斯坦水电部、原子能委员会以及巴基斯坦国家电力监管委员会（简称电监会）。前者负责对电力行业的运行进行管理，后者负责对行业内电力企业的行为进行监督。

4.1.3.2　职能分工

巴基斯坦电力监管系统见图 4-3。巴基斯坦电力行业由水电部和原子能委员会进行行业管理，由电监会监督，地方政府也发挥相应的行政管理职能。巴基斯坦水电部主要下设四个有较大自主权的独立机构。其中，水电发展署（WAPDA）主要分为水、财务和电力三个系统。水系统负责全国水资源规划、开发；财务系统负责水电发展署财务管理和大众服务；电力系统掌管全国水电的规划、开发、发电和经营。水电发展署原有的包括火力发电、输送电、配电等在内的所有其他经营已全部公司化。根据改革计划，已组建了巴基斯坦电力公司（Pakistan Electric Power Company，PEPC）替代水电发展署电力系统。

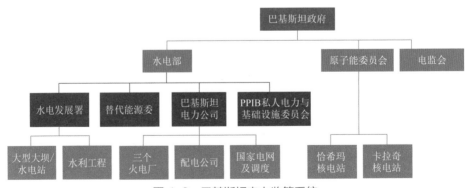

图 4-3　巴基斯坦电力监管系统

4.1.4 电力调度机制

巴基斯坦电力调度由巴基斯坦国家输配电公司（NTDC）负责。

国家输配电公司通过超高压线路将电能从水力发电厂发电机组传输到全国各地的负载中心，建立并管理互联电网。国家输配电公司的核心业务包括：输电网络运营（规划新型 500kV/220kV 系统、设计、施工、运维系统，并对该系统进行加强与升级）、系统操作（包括安排非歧视性、非优惠性经济调度，确保安全可靠的电力供应）、电线业务（主要包括传输规划、施工设计、项目开发以及输电资产的运维）和电力分发系统等。

4.2 主要电力机构

4.2.1 卡拉奇电力公司

4.2.1.1 公司概况

1.总体情况

卡拉奇电力公司（K-Electric，KE）是一家已为卡拉奇地区提供电力长达一百多年的电力公司。公司通过覆盖 6500km^2 区域的电网，为该范围内的一切住宅、商业、工业和农业用户供电，范围涵盖整个卡拉奇及其郊区、信德省的 Dhabeji 和 Gharo 以及俾路支省的 Hub、Uthal、Vindhar、Bela 等地的 250 多万客户。卡拉奇电力公司是巴基斯坦唯一一家垂直整合的电力公用事业公司，这意味着该组织管理生产和向消费者提供能源的所有三个关键领域，即发电、输电和配电。

2.经营业绩

2016 年，公司营业收入为 11.76 亿美元，比 2015 年减少了 496 万美元，降幅为 0.4%；公司利润为 2.03 亿美元，比 2015 年增加了 2790 万美元，增幅达 15.9%；公司总资产达 21.2 亿美元，比 2015 年下降 6820 万美元，其中流动资产为 7.34 亿美元，比 2015 年下降 1.27 亿美元，固定资产为 13.86 亿美元，比 2015 年增加了 5952 万美元；公司每股收益为 0.74 美分，比 2015 年增加了 0.1 美分。卡拉奇电力公司 2011—2016 年经营业绩见图 4-4。

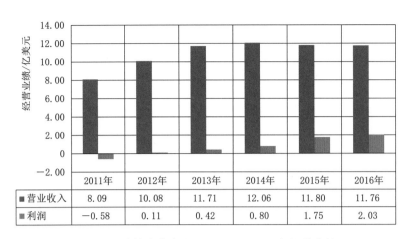

	2011年	2012年	2013年	2014年	2015年	2016年
■营业收入	8.09	10.08	11.71	12.06	11.80	11.76
■利润	−0.58	0.11	0.42	0.80	1.75	2.03

图 4-4　卡拉奇电力公司 2011—2016 年经营业绩

4.2.1.2　历史沿革

1913 年 9 月 13 日，卡拉奇电力公司成立，其设立的最初目的是满足卡拉奇这座港口小城的电力需求。此后的 30 年间，公司为各类消费者提供服务，并随着城市的成长而迅速发展起来。

1947 年，巴基斯坦独立，卡拉奇作为当时巴基斯坦的首都，接收了大量人口的涌入，迅速成为拥有庞大居民、商业和工业规模的大都市。卡拉奇电力公司面对迅速增长的电力需求，面临着巨大的挑战。

1952 年巴基斯坦政府将卡拉奇电力公司国有化，以促进对其基础设施的急需投资。其后的近 50 年间，为了满足不断增长的工业、商业和住宅用电需求，公司先后增加了 8 个总容量为 513MW 的新发电厂。1981 年至 2000 年卡拉奇电力公司的核心发电厂 Bin Qasim Power Station 1（BQPS 1）被列入公司发电机组中。卡拉奇电力公司最初归属水电发展署，后来交由巴基斯坦军队管理。

2005 年卡拉奇电力公司被私有化，政府保留了大约 26% 的股份，而 71% 被转移到了 Abraaj 集团手中。截至 2017 年，Abraaj 集团和 Aljomaih/NIG 持有卡拉奇电力公司 66.4% 的股份，巴基斯坦政府持股比例为 24.36%。

4.2.1.3　组织架构

卡拉奇电力公司组织架构见图 4-5。除独立的财务委员会与人力资源委员会之外，公司共设有 5 大业务部门，分别为发电事业部、输电事业部、配电事业部、技术支持部以及战略规划部。

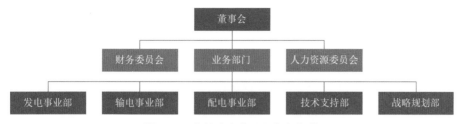

图 4-5 卡拉奇电力公司组织架构

4.2.1.4 业务情况

1. 发电业务

卡拉奇电力公司是巴基斯坦唯一的垂直整合电力公用事业公司。它通过自己的发电机组发电，装机容量为 2267MW，此外还与外部电力生产商签订了 1162MW 的电力供应协议，其中包括来自中国国家电网有限公司的 650MW。

2009—2018 年间，公司对发电业务的投资超过了 10 亿美元，使公司发电容量提高了 1057MW，发电效率从 2009 年的 30.40% 提高到 2018 年的 37.40%，所有的燃气发动机均实现了联合循环运行。卡拉奇电力公司 2019—2018 年发电效率见图 4-6。

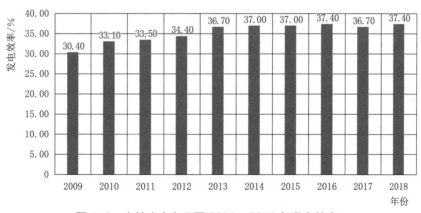

图 4-6 卡拉奇电力公司 2009—2018 年发电效率

2. 输电业务

自 2009 财年以来，卡拉奇电力公司已先后投资 5 亿美元用于输电线路的扩建和维护。目前公司的输电系统包括了 1253.9km 的 220kV、132kV 和 66kV 输电线路，分属于 64 个变电站以及 148 个电力变压器。近年来，公司相继采取一系列重大举措，以提高转型能力和可靠性。

3. 配电业务

卡拉奇电力公司拥有世界上最大的配电网络之一，通过电力线、变电站和杆式变压器为客户提供服务。目前公司的配电网络分为 4 个区域和 29 个配送中心。

由于技术和商业原因，在公司向消费者配送电力的过程中存在电力损失。其中技术损失是由能量消耗造成的，是无法避免的，但可以通过技术投资降低到最佳水平。商业损失主要是由盗窃或非法抽取电力造成的。在过去几年中，通过不断的努力，公司成功地减少了卡拉奇几个地区的电力损失并提高了电力使用率。公司仍然致力于通过不断改进流程来进一步降低能量损耗，并正在探索若干试点项目。截至 2016 年公司年度输配电损失率为 22.20%，比 2009 年已下降了 13.70%。卡拉奇电力公司 2009—2016 年输配电损失率见图 4-7。

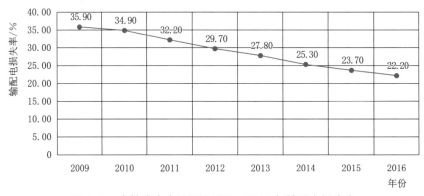

图 4-7　卡拉奇电力公司 2009—2016 年输配电损失率

4.2.1.5　科技创新

1. 发电方面

卡拉奇电力公司已经开始开发最高装机容量达 500MW 的嵌入式发电厂。项目计划采用双燃料技术，以便通过 132kV 网络直接在该区域消耗能源。目前公司正在与 Orient Power 公司合作，在 Baldia 地区的 IPP（独立电力供应商）结构下建造一座 200MW 的嵌入式发电厂，在 2020 年年中投入使用。此外，公司还与西部电气有限公司合作，建立了一个 200~250MW 的嵌入式发电厂，在 2021 年投入使用。

2. 输电方面

为满足需求增长和服务增容，卡拉奇电力公司对其输电基础设施进行了升级和扩张，TP-1000 项目就是其中之一。公司在该项目上投入 4.5 亿美元，使输电网络容量增加 1000MVA，电源可靠性和电压稳定性得到

提升。2021 年该项目输电线路设计已获政府批准，并且已经通过 220kV
和 13kV 的电缆试验。

3. 配电方面

卡拉奇电力公司公布了智能电网计划。该计划涉及客户所在地的远
程智能电表监控以及受 IT 系统支持的变压器。精确监控电流以及网络
运行情况能够将电力损失减小到最小程度从而提高生产率。此外，公司
还对用电客户的连接程序进行了简化，客户可通过在线支付的方式进行
交易。

4.2.2 国家输配电公司

4.2.2.1 公司概况

国家输配电公司（National Transmission and Despatch Co. Ltd,
NTDC）的成立是为了接管 220kV 和 500kV 电网和变电站。公司的愿景
是通过其出色的电力输送能力，成为巴基斯坦公共部门的商业模范，从
而促进该国的经济增长。公司致力于成为电力生产商、分销公司和最佳
电力服务提供商，满足发电机和最终用户的输电服务要求，为巴基斯坦
提供可靠、高效、稳定的输电网络和调度服务，最大限度地回报利益相
关者。

4.2.2.2 历史沿革

国家输配电公司是在巴基斯坦政府对水电发展署的拆分后形成的。

1998 年 11 月 6 日根据《公司条例》（1984 年）［现为《公司法》
2017 年］成为公共有限公司。公司总部设在拉合尔。在获得商业从业证
书后，于 1999 年 3 月 1 日开始商业运营。

电监会（NEPRA）于 2002 年 12 月向国家输配电公司授予传输许可，
可从事电力传输与调度业务，有效期 30 年。

目前，公司从事发电和输电等业务。

4.2.2.3 组织架构

国家输配电公司主要是由董事会来主导整个公司管理，常务董
事协助董事会处理事务，内部审计主要负责监督公司内部财务。旗下
有资产开发和管理部、电力规划与工程部、人力资源部、财务部、信
息系统部、行政部，以及媒体和公关部。国家输配电公司组织架构见
图 4-8。

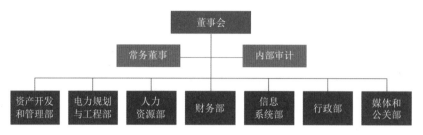

图 4-8　国家输配电公司组织架构

4.2.2.4　业务情况

国家输配电公司的电网分布从北向南延伸。水力发电主要在北部地区，热力发电主要在南部地区。大型负荷中心远离主要电源。发电量随季节性变化：夏季，大量电力从北部流向中部；冬季，大量电力从南部流向中部和北部。国家输配电公司的业务情况见表 4-1。

表 4-1　　　　　　　　　　　国家输配电公司的业务情况

电压等级 /kV	电站数量 / 座	输电线路长度 /km	变电站容量 /MVA
500	16	5970	22350
220	45	11322	31060
总计	61	17292	53410

500kV 的变电站主要在伊斯兰堡（2 座）、拉合尔（5 座）、木尔坦（4 座）、海得拉巴（5 座）地区，220kV 的变电站主要在伊斯兰堡（11 座）、拉合尔（19 座）、木尔坦（5 座）、海得拉巴（5 座）和奎达（5 座）等地区。

4.2.2.5　国际业务

巴基斯坦电力设施短缺，发电设施较少，且电价与税收制度不健全，再加上国内政治、社会与营商环境等制约因素，造成巴基斯坦供电不足。目前中国与巴基斯坦已开展多次国事互访，在中巴经济走廊的合作框架下，有效推进了双边电力合作。巴基斯坦的煤炭、风能、水能等能源丰富，为双方的电力合作提供了有力的基础支撑。

三峡巴基斯坦第一风力发电项目是巴基斯坦首批建成投产的风电项目，是中国企业在巴基斯坦投资建设并投产发电的第一个风电项目，也是巴基斯坦风电行业的标杆项目。该项目的建设运行，为中资企业在巴基斯坦投资开发风电项目起到了良好的示范作用。

2019 年 7 月由中南电力设计院有限公司设计的巴基斯坦首个燃用本

地煤大型发电项目——塔尔 2×330MW 循环流化床燃煤电站项目两台机组同时通过 168h 试运行，正式投产发电。该项目是"一带一路"中巴经济走廊的首个煤电一体项目，也是巴基斯坦最大煤区塔尔煤田电站项目群的首个电站项目。本期新建 2 台 33 万 kW 燃煤机组，项目投产后，预计年均上网发电量约 45 亿 kWh，能够满足当地近 200 万户家庭的用电需求，缓解巴基斯坦电力短缺现状，改变巴基斯坦依赖进口石油和天然气进行火力发电的情况。

4.3 碳减排目标发展概况

4.3.1 碳减排目标

巴基斯坦目前暂时没有官方制定碳中和目标，仅向《联合国气候变化框架公约》提交了相关减排战略，计划到 2025 年碳排放量比 2008 年减少 30%。

4.3.2 碳减排政策

巴基斯坦于 2017 年通过了《巴基斯坦气候变化法案》，设立了巴基斯坦气候变化委员会，其职责为：协调和监督本法各项规定的执行；协调和监督本法各项规定的执行；监测规定的与气候变化有关的国际协定的执行情况；协调、监督和指导，将气候变化问题作为联邦和省政府各部委、司、部门和机构决策的重要考量目标，以便为各经济部门适应气候变化的综合发展进程创造有利条件；批准和监测管理局为履行巴基斯坦根据与气候变化有关的国际公约和协定（特别是可持续发展目标）承担的义务而制定的全面适应和减缓政策、战略、计划、项目和其他措施的执行情况；监测提交《国家适应计划》及其制定的省级和地方适应行动计划、《国家适当缓解行动框架》和国家信息通报的执行情况；批准保护和养护受气候变化不利影响或威胁的可再生和不可再生资源、物种、生境和生物多样性的准则；审议《国家气候变化报告》并就此作出适当指示。该法案还设立了巴基斯坦气候变化管理局。

但在此后，巴基斯坦并没有其他的配套政策出台。因此气候变化委员会并没有实际执行相关的职责。

4.3.3　碳减排目标对电力系统的影响

巴基斯坦目前依旧以煤炭为主要发电能源。虽然巴基斯坦计划在
2030 年前有 30% 的可再生电源，但目前离实质性有行动的减排还有较长
的距离。

4.4　储能技术发展概况

从国家层面上来看，巴基斯坦的电力建设主要以扩大电力覆盖率为
首要目标，在储能、可再生能源方面尚未有国家层面成体系的政策支持。
储能相关项目主要以企业合作的形式来运行。

目前巴基斯坦全国范围内仅有 1 个储能项目在运行，该项目由巴基
斯坦国家电网发起，并且是亚洲开发银行的基础设施帮扶项目的一部分，
旨在支持旁遮普省高效可靠地满足其 1150MW 的电力需求。项目内容包
括安装新的变电站、输电线路和其他适应气候变化的输电系统的基础设
施。该项目第三部分涉及一个约 20 MW 的电储能系统，主要用于帮助电
网调峰。

4.5　电力市场概况

4.5.1　电力市场运营模式

4.5.1.1　市场构成

巴基斯坦电力市场分为 10 个区域电力分销网络，由以下 10 个电力
供应公司运营：

（1）拉合尔供电公司（LESCO）。范围包括拉合尔、卡苏尔、奥卡
拉以及谢赫普拉等地区，下又细分为北拉合尔、中央拉合尔、东拉合尔、
东南拉合尔、奥卡拉、谢赫普拉 6 个操作环，1 个构造环和 1 个总电网操
作环。该公司主要面向民用电客户。

（2）卡拉奇电力公司（KESC）。卡拉奇电力公司于 1984 年 9 月
13 日根据《公司条例》（1913 年）修订的印度《公司法》（1882 年）
注册成立。该公司在卡拉奇、拉合尔和伊斯兰堡证券交易所上市。巴基
斯坦政府通过在 1952 年获得多数股权来控制该公司。公司经营范围遍布

整个卡拉奇及其郊区、信德省的 Dhabeji 和 Gharo 以及俾路支省的 Hub、Uthal、Vindhar 和 Bela，覆盖的总面积约为 6000m²。该公司主要面向工业、商业、农业以及城市居民用户。

（3）费萨拉巴德供电公司（FESCO）。费萨拉巴德供电公司根据国家电力监管局授予的分销许可，向其服务区内约 200 万客户供电，受众超过 1550 万人。1997 年 NEPRA 法案规定：费萨拉巴德供电公司的地理服务区域包括 Faisalabad、Sargodha、Mianwali、Khushab、Jhang、Bhakker 和 T.T Singh 地区。费萨拉巴德供电公司在运营绩效方面是巴基斯坦最好的配电公司之一，分销损失程度低，收费率高。它的主要服务区域为费萨拉巴德。

（4）木尔坦供电公司（MEPCO）。木尔坦供电公司是水电发展署最大的分销公司之一。木尔坦供电公司的职责是调查计划，并在木尔坦供电公司的管辖范围内执行电力的传输和分配。其管辖范围横跨信德省与俾路支省，从 Sahiwal 延伸到 D.G.Khan。

（5）伊斯兰堡供电公司（IESCO）。于 1998 年 4 月 25 日注册成立，并于 1998 年 6 月 1 日根据《公司条例》（1984 年）第 146（2）条获得营业证书。公司经营目标是负责接收巴基斯坦水电开发局的业务、资产与责任。伊斯兰堡供电公司的营业范围由伊斯兰堡地区的几个行政区划组成，拥有 78 个子电网，总容量为 1950MVA，并通过 581 个馈线分配电力。

（6）古杰兰瓦拉供电公司（GEPCO）。古杰兰瓦拉供电公司是成立于 20 世纪 80 年代初的电网运营公司。其经营范围包括 Gujranwala、Hafizabad、Sialkot、Narowal、Gujrat 和 Mandi Bahauddin 等地区。

（7）海得拉巴供电公司（HESCO）。海得拉巴供电公司的成立是为了接管与收购巴基斯坦水电发展署（WAPDA）拥有的海得拉巴地区电力局的所有项目、资产和负债。该公司于 1998 年 4 月 23 日注册成立，并于 1998 年 7 月 1 日根据《公司条例》（1984 年）第 146（2）条从 NEPRA 获得了营业证书。

（8）奎达供电公司（QESCO）。奎达供电公司成立于 1928 年，起初只是一家小型电力公司，负责为奎达当地的小部分地区提供有限的电力供应。该公司在 1970 年仅为约 13500 个消费者供电。1971 年，为了应付当地电力供不应求的压力，水电发展署接管了奎达供电公司以及俾路支省的完整电力设备，并在此基础上对俾路支省的电力基础设施进行修缮与增加，而奎达供电公司则作为水电发展署在当地的分销公司存在。20 世纪末期，水电发展署自身面临巨额亏损，政府对其进行拆分，新的奎达供电公司于 1998 年 7 月 1 日根据《公司条例》（1984 年）注册成立。

（9）白沙瓦供电公司（PESCO）。白沙瓦供电公司位于白沙瓦，为巴基斯坦开伯尔-普图什省所有民用地区的 200 多万消费者提供配电服务。白沙瓦供电公司网络拥有并维护着开伯尔-普图什省的配电系统，通过 132kV/66kV/33kV 输电线路、分站和 11kV 及 440V 低压线路，为当地的家庭或企业提供电力。全世界电力工业的环境和结构正在发生巨大变化。电力部门正在从垄断走向私有化，从一体化走向解体。为了跟上这一变化，巴基斯坦政府于 1994 年批准了一项战略计划，导致水电发展署的权力部门分拆为 12 家公司，用于发电、输电和配电。白沙瓦供电公司由白沙瓦地区电力委员会重组成而来，成为一个为了实现商业化并最终实现私有化的实体公司。

（10）西北部落地区供电公司（TESCO）。西北部落地区供电公司是水电发展署最大的分销公司之一。它覆盖了该国的整个西北部落地区且是该地区唯一一家供电公司。西北部落地区供电公司的运行维护与其他电力分销公司不同，其主要靠 11kV 输电线路和 132kV/66kV 线路单独运行。

4.5.1.2　结算机制

电监会（NEPRA）于 2014 年 6 月 26 日颁布了《关于巴基斯坦政府提出的重新考虑燃煤发电项目预定电价的决定》。文件规定采用两部制电价结构，针对不同装机容量的机组制定了相应的容量电价和电量电价，制定原则是如果投资商可将建造运维成本等边界条件控制在以上决议规定的范围之内，则资本金内部收益率至少可达到 17%；电价机制实行煤电联动、照付不议政策。

4.5.2　电力市场监管模式

4.5.2.1　监管制度

巴基斯坦电力管理机构为电监会（NEPRA）。电监会设立于 1992 年，其主要职责是对电力部门进行监管，通过基于商业透明原则的各项决策来保护投资者和客户的利益，以促进该行业的竞争，并确保未来可协调、可靠、充足的电力供应。

4.5.2.2 监管对象

电监会的监管对象主要包括发电公司、输电公司和配电公司三部分。在发电侧,除4个国有发电公司、1个水电公司以及卡拉奇电力公司所属的发电资产外,另有约30个主要的独立发电商。在输电侧,共有3家输电公司,卡拉奇电力公司负责卡拉奇地区输电业务,其他地区则由国家电网公司(NTDC)和中央购电局(CP-PA)共同负责。在配电侧,除了由卡拉奇电力公司负责卡拉奇地区外,其他地区由另外10个配电公司分别负责。

4.5.2.3 监管内容

电监会根据职能分工主要下辖四个职能部门,分别负责许可证授予、电价确认、绩效标准的规定执行以及行业的监督执行。

1. 授予许可证

电监会专门负责授权该国电力部门业务的发电、输电或配电许可证。除经电监会颁发的许可证授权外,任何人不得建造,拥有或经营发电、输电或配电设施。许可证的授予受1999年许可发电规则和1999年分销规则的约束,而所有许可均受规定的条款和条件的约束。

2. 确定电价

电价是按照《电价准则及程序规则》(1998年《电价细则》)的规定确定的,并按照《电价细则》第17条的规定,考虑经济效率、服务质量和政策指导的原则。通过关键利益相关方的参与,实施透明程序,并进行尽职调查,以评估允许持有人的适当费用水平和回报率。这是吸引和保留该部门外国直接投资(FDI)的关键因素。

3. 规定执行绩效标准

电监会通过颁布《业绩标准(发电)规则》(2009年)、《业绩标准(输电)规则》(2005年)和《业绩标准(配电)规则》(2005年),以确保服务质量和可靠性。为确保遵守质量而对各公司采取的措施有实地考察、准备绩效评估报告和针对违法者的法律诉讼。

4. 监督和执行

监督和执行是监管的重要组成部分,可以确保被许可人按照许可条件运作并确保消费者的利益得到保护。对被许可人的监控是根据相应许可的条款进行的,用于对其绩效进行批判性分析,并对违约者进行处罚。

《发电、输电和配电性能标准规则》规定了用于监控被许可方的标准。

4.5.3 电力市场价格机制

巴基斯坦电价分为基础电价和附加电价。

1. 基础电价

$$基础电价 = 容量电价 + 电量电价$$

（1）容量电价。容量电价用于覆盖投资及固定成本，采取照付不议制结算电价。容量电价包括非偿债部分电价及偿债部分电价两部分。

1）非偿债部分电价的计算公式为

$$非偿债部分电价 = （固定运维成本 + 保险费 + \\ 营运资本 + 资产收益）× 可用容量$$

2）偿债部分电价的计算公式为

$$偿债部分电价 = （偿还的债务 + 利息）× 可用容量$$

（2）电量电价。用于涵盖可变成本，根据实际上网电量进行结算。电量电价包括可变部分电价及固定电价两部分。

1）可变部分电价的计算公式为

$$可变部分电价 = （燃料可变成本 + 除灰成本 + 石灰石成本 + \\ 可变运维成本 + 水费）× 净电力输出量$$

2）固定电价的计算公式为

$$固定电价 = 燃料固定成本 × 可用容量$$

2. 附加电价

巴基斯坦电力市场的附加电价主要包括预期商业运行期间的电量电价、测试电量电价、启动费用和转移成本。目前电监会指导文件中尚未有预期商业运行期间电量电价、测试电量电价和启动费用的定义及计算公式。

除了基础电价和附加电价之外，巴基斯坦电力市场中还存在补充电价这一特殊电价机制。补充电价主要指当巴基斯坦国内发生政治不可抗力事件或者法律变化不可抗力事件时，电力项目投资方恢复正常发电所产生的合理、必要的费用。

第 5 章

菲律宾

5.1 能源资源与电力工业

5.1.1 一次能源资源概况

菲律宾拥有许多世界级的高品质矿藏，矿产资源储量巨大、分布广泛，拥有 48 个金属矿和 61 个非金属矿。根据 2018 年菲律宾国家矿业局公布的报告数据，菲律宾金属矿储量价值为 1219.4 亿菲律宾比索，约合 23.17 亿美元。

菲律宾吕宋岛北部、米沙鄢群岛中部、巴拉望岛以及棉兰老岛南部等地都是重要的矿产区。金属矿藏方面，按单位面积矿产储量计算，菲律宾金矿储量居世界第三，铜矿储量居世界第四，镍矿储量居世界第五，铬矿储量居世界第六，另外菲律宾还拥有世界上最大的镁矿。非金属矿藏方面，菲律宾的石灰石储量较大，占非金属矿藏总量的 57%。其他主要的非金属矿藏还有大理石、煤炭、磷矿、硅矿等。除此之外，菲律宾预计还有约 20.9 亿桶原油标准能源的地热资源和约 3.5 亿桶的石油储量。

据 2022 年《BP 世界能源统计年鉴》，菲律宾 2021 年一次能源消费量达到了 4684.4 万 t 油当量，其中石油消费达到 1959.8 万 t 油当量，天然气消费达到 286.8 万 t 油当量，煤炭消费达到 1888.1 万 t 油当量，水电消费量达到 215.1 万 t 油当量，可再生能源消费达到 119.5 万 t 油当量，其他能源消费达到 215.1 万 t 油当量。

5.1.2 电力工业概况

5.1.2.1 发电装机容量

菲律宾发电装机容量从 2019 年的 25.5GW 增加到 2020 年的 26.3GW，增长了 3.1%。在新增装机方面，2020 年新增装机容量 754.5MW 中，主要包括燃煤发电（526.7MW）、风力发电（16.0MW）、太阳能发电（98.2MW）、水力发电（19.5MW）和生物质能发电（119.9MW），并退役石油发电 25.8MW。就电网份额而言，吕宋岛电网提供了新增发电装机容量的 73%（550.5MW），棉兰老岛电网提供了 20% 的新增发电装机容量（151MW），米沙鄢群岛电网提供了 7% 的新增发电装机容量（53MW）。菲律宾 2019—2020 年主要能源发电装机容量见图 5-1。

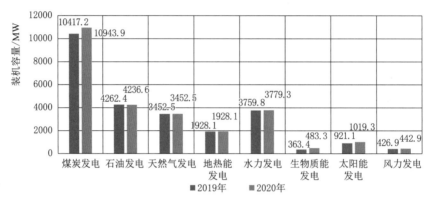

资料来源：《菲律宾电力情况报告 2021》。

图 5-1　菲律宾 2019—2020 年主要能源发电装机容量

5.1.2.2　发电量及构成

2020 年菲律宾全国总发电量增加至 101756GWh，比 2019 年的总发电量下降约 4%。总发电量的大部分来源于吕宋岛电网，其贡献率为 71.1%。米沙鄢群岛电网和棉兰老岛电网分别贡献 15.2% 和 13.7% 的份额。发电类型方面，煤炭仍居主导地位，占比从 2019 年的 54.6% 提升至 2020 年的 57.1%。煤炭发电量的增加归因于全国各地新燃煤电厂的投产。此外，由于水电发电量持续下降以及其他技术对混合物的渗透程度有限，可再生能源的总发电量占比少量上升至 21.3%。天然气贡献率为 19%，而石油发电在电力结构中的贡献率最低，为 2.4%。2020 年菲律宾主要能源发电量见图 5-2。

三大电网中，吕宋岛电网的总发电量在 2020 年达到 72419GWh。燃煤发电继续主导吕宋岛电网的发电量，燃煤电厂投产占比达 56%；其次是天然气发电量为 27%；可再生能源发电占发电量的 15%，其中地热能发电占 5%，水力发电 6%，生物质能发电、太阳能发电、风力发电各占 2%；石油发电所占比例最小，仅为 2%。

米沙鄢群岛电网 2020 年的总发电量为 15485 GWh。该电网中可再生能源继续维持主导地位，48% 的发电量来自可再生能源，其中地热发电占 40%，太阳能发电占 4%，生物质能发电占 2%，风力发电占 2%。非可再生能源发电中，煤炭发电仍然是发电占比最大的发电方式，占 50%。

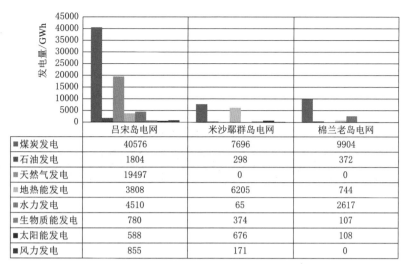

	吕宋岛电网	米沙鄢群岛电网	棉兰老岛电网
■ 煤炭发电	40576	7696	9904
■ 石油发电	1804	298	372
■ 天然气发电	19497	0	0
■ 地热能发电	3808	6205	744
■ 水力发电	4510	65	2617
■ 生物质能发电	780	374	107
■ 太阳能发电	588	676	108
■ 风力发电	855	171	0

资料来源：《菲律宾电力情况报告 2021》。

图 5-2　2020 年菲律宾主要能源发电量

棉兰老岛电网 2020 年的总发电量达到 13852GWh。由于该电网增加了 3×150MW 的 GNPK 煤炭发电机组和 119MW 的 SEC 煤炭发电机组扩建单元，并且随着 2020 年 150MW 的 GNPK4 号煤炭发电机组上线，使得煤炭发电量占比上升至 71%。同时，可再生能源发电贡献了 26% 的份额，包括地热能发电 5%、水力发电 19%、生物质能发电 1% 和太阳能发电 1%。据了解，目前，菲律宾的电力损耗率为总电力消耗的 9%，通电率为 83%，这意味着大约 1600 万菲律宾人无法获得电力保障。

受疫情影响，菲律宾的电力销售和消费增速从 2019 年的 6.3% 下降至 2020 年的 –4%。电力销售和消费占比最大的仍然是居民用电（33.7%），其次是工业用电（25.1%）和商业用电（20.4%）。菲律宾 2019—2020 年用电结构见图 5-3。

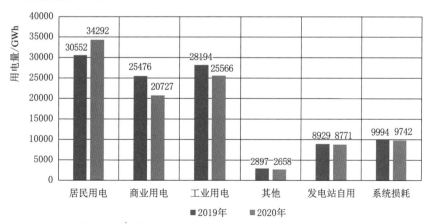

资料来源：《菲律宾电力情况报告 2021》。

图 5-3　菲律宾 2019—2020 年用电结构

5.1.2.3 电网结构

截至 2021 年 12 月，菲律宾国家电网公司（NGCP）共计管理有 36436MVA 容量的变电站以及 20079km 的输电线路。菲律宾电网概况见表 5-1。

表 5-1　　　　　　　　　　菲律宾电网概况

变电站总容量 /MVA		
地区	2019 年	2021 年
菲律宾全国	34852	36436
吕宋岛地区	26598	28021
米沙鄢群岛地区	4874	4884
棉兰老岛地区	3380	3531
电网总长度 /km		
地区	2019 年	2021 年
菲律宾全国	20505	20079
吕宋岛地区	9447	9227
米沙鄢群岛地区	5379	5299
棉兰老岛地区	5679	5553

资料来源：《菲律宾电力情况报告 2019》。

菲律宾输电网由吕宋岛电网、米沙鄢群岛电网、棉兰老岛电网三部分组成。受地理条件限制，除马尼拉地区电网有环网外，其他地区的电网呈放射状，主要岛屿之间由交、直流海底电缆联络线相连。菲律宾输电网电压等级交流为 500kV、230kV、138kV/115kV、69kV，直流为 350kV/250kV。菲律宾电网的特点有：一是一次设备标准高，但设备运行年限较长，平均在 20 年以上；二是菲律宾尚未实现全国联网，骨干网架较为薄弱。

1. 吕宋岛电网

吕宋岛电网被细分为北方电网、马尼拉电网和南方电网 3 个部分，覆盖整座吕宋岛。吕宋岛大部分发电装机位于北部和南部地区，而吕宋岛的电力需求 53% 集中在马尼拉。因此，主干输电线路（500kV）需要有足够的容量，将大部分用电容量从吕宋电网的北部和南部地区传输到马尼拉地区。此外，吕宋岛电网和米沙鄢群岛电网之间电力交换容量高达 400MW，两者间通过高压直流输电线路连接。

2. 米沙鄢群岛电网

米沙鄢群岛电网分为班乃岛子网（Panay）、内格罗斯岛子网

（Negros）、宿务岛子网（Cebu）、薄荷岛子网（Bohol）和莱特—萨马岛子网（Leyte-Samar）5个不同的电力子系统或子网。米沙鄢群岛电网的子网通过海底交流电缆连接，各子网间传输容量为：莱特—萨马岛与宿务岛之间 2×185MW；宿务岛与内格罗斯岛之间 2×190MW；内格罗斯岛与班乃岛之间 1×185MW；莱特—萨马岛与薄荷岛之间 1×90MW。从萨马岛的 Allen 变电站一直延伸到班乃岛的 Nabas 变电站的输电线路构成了米沙鄢群岛电网的主干线。宿务岛是米沙鄢群岛电网的负荷中心，2015 年宿务岛的电力需求占米沙鄢群岛电网需求的 52%。

3. 棉兰老岛电网

棉兰老岛电网的大部分装机来自该岛北部地区，而东南和西南地区则是该电网的负荷中心，占到整个电网电力需求的一半。鉴于这种供需特点，通过 Baloi-Tagoloan-Maramag-Kibawe 电网和 Baloi-Villanueva-Maramag-Bunawan 子电网将大部分电力从北部地区输送到负荷中心。该电网主干路电压等级为 230kV。

除了上述现有的三个地区电网外，为了加强三大电网之间的联系，扩大电力批发现货市场的规模，在吕宋岛电网与米沙鄢群岛电网已经互联的基础上，菲律宾国家电网公司提出了主传输线路建设计划，建设米沙鄢群岛电网与棉兰老岛电网之间的联络线。

5.1.3 电力管理体制

菲律宾采用多部委联合监管的电力管理体制。监管部门包括能源部、电力监管委员会、国家电力管理局、投资署以及环境和自然资源部等机构。

5.1.3.1 机构设置

电力监管委员会（Energy Regulatory Commission, ERC）是在电力产业改革法案（EPIRA）的框架之下建立的，作为独立的、半司法性的监管机构，是负责监管整个菲律宾电力行业的官方机构，负责电力行业所有相关规章制度的建立和调整，行业发展规划，项目的审批以及市场运行的监督。在电力行业，电力监管委员会是最重要、最关键的职能机关，几乎所有的项目建设和开发所涉及的审批过程都需要电力监管委员会的直接或间接参与。电力监管委员会机构设置见图 5-4。

资料来源：菲律宾电力监管委员会官网。

图 5-4　电力监管委员会机构设置

5.1.3.2　职能分工

电力监管委员会各部门职能分工具体如下：

（1）执行主任办公室。负责执行经电力监管委员会批准的政策、决定、命令和决议。

（2）财务和行政服务处。负责就预算、财务和管理事项向主席提供咨询和协助，并向电力监管委员会提供高效的服务和保管工作。该处又下辖会计部门、预算司、总务科和人力资源管理司等机构。

（3）法律服务处。负责向电力监管委员会提交的诉讼程序中的所有业务单位提供法律援助和代理以及保管电力监管委员会法律部门的合规案件的所有法律文件。该处又下辖合规案件部、费率案件部和非费率案件部等机构。

（4）规划和公共信息服务处。负责制定短期、中期和长期计划，包括开展持续的技术政策研究和开发研究；为委员会会员成员提供及时、准确的报告和实时决策中的数据信息；在向公众传播信息方面发挥主导作用。该处又下辖信息数据管理司、信息系统管理司、规划科和新闻司等机构。

（5）监管运营服务处。负责制定和执行影响电力行业的标准、规则和法规，并指导电力监管委员会处理和执行所采用的原则和标准；负责定期和未宣布的调查和执法活动，以确定公用事业和发电公司分配的合规性；颁布适用于该行业的规则、法规。该处又下辖仲裁机构、配电公用事业部门、发电公司部门、标准司和税率部门等机构。

（6）市场运营服务处。负责管理合规证书、电力供应商许可证、可竞争市场、批发现货市场、反竞争行为的研究等。负责促进可再生能源的开发、利用和商业化。该处又下辖可竞争部门、市场许可监督司、可再生能源部门、现货市场部门等机构。

（7）消费者事务服务处。负责处理消费者投诉并保障消费者利益，确保电力监管委员会管辖范围内所有配电公用事业使用的电度表的准确性；为米沙鄢群岛和棉兰老岛消费者提供服务。该处又下辖仪表部、维萨亚地区行动司和棉兰老岛地区行动司等机构。

（8）委员会总法律顾问和秘书处。为电力监管委员会提供法律咨询和协助，并行使秘书处职能。电力监管委员会下设中央记录处，负责管理电力监管委员会的文件、案件文书的对接，负责传入和传出通讯稿、裁决、命令以及维护记录管理系统，跟踪和监控各类文书的状态。

（9）内部审计司。协助电力监管委员会为其业务系统和程序开展审计和内部控制。

5.1.4　电力调度机制

菲律宾电力调度由国家电力调度中心（NCC）负责管理。国家电力调度中心下设3个区域调度中心，因此调度关系实际上是国家、地方两级。其中吕宋岛区域调度中心名义上作为国家调度中心，另外两个分别为米沙鄢群岛区域调度中心和棉兰老岛区域调度中心（RCC），区域调度中心共下辖13个地区调度中心（ACC）。国家电力调度中心实际上只是面对吕宋岛大区的调度中心，其余两大区域调度中心独立运作。

调度中心的主要职责如下：

（1）运行控制电力系统，调频调压、事故处理，确保系统安全、电力稳定可靠。

（2）编制和实施发电调度计划（实行电力市场的，仅实施发电调度计划），编制（与输电公司一起）电网运行检修计划。

（3）开展电网运行分析，确定运行极限，避免电网发生不稳定问题，包括由多重故障紧急状态引起的不稳定。

（4）负责安排、提供辅助服务。

（5）向市场运营者提供实时信息。

国家电力调度中心与区域调度中心下均设四个处：调度处（Network Operation）、计划处（Planning）、保护处（Protection）、自动化通信处（EMS & Telcom）。其中调度处负责电网实时运行；计划处负责计算分析、运行方式编制、检修申请批复；保护处负责继电保护装置和安全自动装置的管理；自动化通信处负责自动化通信和通信设备的管理，包括通信自动化设备的规划制订。

5.2 主要电力机构

5.2.1 菲律宾国家电网公司

5.2.1.1 公司概况

菲律宾国家电网公司（National Grid Corporation of the Philippines，NGCP）于 2009 年 1 月 15 日正式接管运营菲律宾国家输电网，由中国国家电网有限公司作为技术合作伙伴与菲律宾蒙特罗公司（Monte Oro Grid Resources Corporation，MOGRC）和卡拉卡公司（Calaca High Power Corporation，CHPC）按照菲律宾法律联合运营。菲律宾国家电网公司坚持应用国际标准，加强国际交流，推进技术进步，建立了具有世界先进水平，覆盖全国范围的调度自动化系统，建成了灾害应急指挥中心，并形成了完备的防台风、防火、防洪水工作体系。在科研及标准制定、智能电网发展和可再生能源接入方面，菲律宾国家电网公司也取得长足进步。

5.2.1.2 历史沿革

2001 年菲律宾的《电力行业改革法案》（RA 9136 号）规定了菲律宾国内发电、输电、配电各环节实现分业经营，同时鼓励发电领域私有化，这也是菲律宾国家电网公司成立的最重要背景。

2007 年，中国国家电网有限公司、菲律宾蒙特罗公司和菲律宾卡拉卡公司组成的联合经营团队在竞标中胜出，并获得菲律宾国家电网 25 年的特许经营权。

2009 年菲律宾国家电网公司成立，并被菲律宾国会授予了 50 年的特许经营权，菲律宾国家电网公司有权运营、经营、维护、建设、发展菲律宾输电系统及相关设施。

2014 年，在中国国家电网有限公司的主导下，菲律宾国家电网公司完成了菲律宾电力行业历史上第一套完整电网技术标准，为提高电网可靠性，提升电网规划建设水平，加强设备运行维护，降低电网运营成本，发挥了积极作用。

5.2.1.3 组织架构

菲律宾国家电网公司董事会是公司的最高管理机构，董事会决定公司主席的选拔及任命。菲律宾国家电网公司组织架构见图 5-5。

内审部门及秘书处是直属于董事会的独立机构，负责公司内部的业务审计，并执行独立的监管工作。

主席负责公司实际的业务管理，并直接管理三大部门，分别有设施运行及管理部门、合同管理及法务部门以及内部行政部门，其中设施运行及管理部门负责菲律宾国家电网的运营、维护以及建设工作。

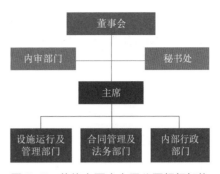

图 5-5　菲律宾国家电网公司组织架构

5.2.1.4　业务情况

1. 经营区域

菲律宾国家电网公司主要在菲律宾吕宋岛、米沙鄢群岛以及棉兰老岛区域经营业务。

吕宋岛由马尼拉大都会、北吕宋岛和南吕宋岛组成，占菲律宾总电力需求的 74%。菲律宾国家电网公司吕宋岛服务区域情况见表 5-2。

表 5-2　　　　　　菲律宾国家电网公司吕宋岛服务区域情况

北 吕 宋 岛		
区	区域	服 务 区
1	伊罗戈斯	Ilocos Norte，Ilocos Sur，Abra 和 La Union
2	山省	Mt. Province 和 Benguet
3	中原	Pangasinan
4	卡加延河谷	Nueva Vizcaya，Quirino，Ifugao，Isabela，Cagayan，Kalinga 和 Apayao
5	中西部平原	Bataan 和 Zambales
6	中南部平原	Pampanga 和 Tarlac
7	北塔加路语	Bulacan，Rizal
南 吕 宋 岛		
区	区域	服 务 区
1	西南塔加路族	Batangas，Cavite 和马尼拉大都会南部
2	东南塔加路族	Laguna 和 Quezon
3	比科尔	Camarines Norte，Camarines Sur，Albay 和 Sorsogon

Cebu、Negros、Panay、Leyte、Samar 和 Bohol 相互连接的岛屿电网组成了米沙鄢群岛电网。该地区的电力需求占该国电力总需求的 14%。菲律宾国家电网公司米沙鄢群岛服务区域情况见表 5-3。

表 5-3　　　　　　　菲律宾国家电网公司米沙鄢群岛服务区域情况

区	区域	服 务 区
1	西	Samar 和 Leyte
2	中央	Cebu 和 Bohol
3	东	Negros Island
4	内格罗区	Panay Island

棉兰老岛位于菲律宾群岛最南端的战略位置，是东盟东部地区之间的贸易中心和主要转运点。该地区的电力需求占总电力需求的 12%。菲律宾国家电网公司棉兰老岛服务区域情况见表 5-4。

表 5-4　　　　　　　菲律宾国家电网公司棉兰老岛服务区域情况

区	区域	服 务 区
1	西北部	Zamboanga Del Norte，Zamboanga Del Sur 和 Misamis Occidental
2	拉瑙	Lanao Del Norte 和 Lanao Del Sur
3	中北部	Bukidnon 和 Misamis Oriental
4	东北部	Agusan Del Norte，Agusan Del Sur，Surigao Del Norte 和 Surigao Del Sur
5	东南部	Davao，Davao Del Norte，Davao Del Sur，Compostella Valley 和 Davao Oriental
6	西南部	North Cotabato，South Cotabato，Sultan Kudarat，Maguindanao 和 Sarangani

2. 业务范围

输电是菲律宾国家电网公司唯一的业务，主要包括输电系统的运营及维护、输电系统的操作与调度以及输电系统的规划及建设。

在运营及维护方面，菲律宾国家电网公司的主要任务是确保电网在最优的情况下运营，以安全、可靠、高效地为菲律宾全国输送电力。另外，菲律宾国家电网公司还负责在灾后第一时间组织并进行菲律宾国家电网及相关设施的紧急抢修工作。

在操作与调度方面，菲律宾国家电网公司负责密切监控国家电网运行情况，制定预案并对任何干扰进行响应。菲律宾国家电网公司同时还充当了系统运营商的角色，负责维持网内外的电力供需平衡。

在规划及建设方面，菲律宾国家电网公司会进行十年建设规划，并对未来的发电及输电容量进行预测，以指导未来菲律宾国家电网的建设工作。

菲律宾国家电网公司管理并运营菲律宾国内总计 2.05 万 km 的输电线路，以 500kV、350kV、230kV、138kV、115kV 以及 69kV 电压等级为主，并将其分为四大区域进行管理，其中首都马尼拉所在的北吕宋岛输电线总长度为 5626.24km；南吕宋岛输电线总长度 3820.99km；维萨亚地区输电线总长度 5378.52km；棉兰老岛地区输电线总长度 5678.93km。菲律宾国家电网公司管理配电站的总容量为 34851.5MVA，其中北吕宋岛共 14780MVA、南吕宋岛 11817.5MVA、维萨亚地区 4874MVA、棉兰老岛 3380MVA。

菲律宾国家电网公司在菲律宾 Zambales 省 Baliwat 村开展了扶贫电力项目——"光明乡村计划"。该项目于 2019 年 1 月 24 日举行了启动仪式，中国国家电网有限公司、菲律宾电气化管理局及当地电力合作社签署三方合作协议。该项目主要由中国国家电网有限公司建设的两套光伏微电网系统组成，项目总装机容量约 76kW，并配备有一个容量为 432kWh 的储能电池，系统采取集中供电的方式进行供电，能够满足当地 1000 余人和 2 所小学共 108 名学生的用电需求。

项目由中国国家电网有限公司所属国网国际公司和驻菲律宾办事处负责组织实施，中国国家电网有限公司所属南瑞集团承担建设，于 2019 年 1 月 24 日开工，6 月 27 日正式竣工并移交给当地电力合作社。项目投运后，中国国家电网有限公司还将提供 2 年的免费运维及长期质保和技术支持服务。除电力覆盖外，华为菲律宾公司也将为学校和附近村民提供手机信号和网络覆盖。"光明乡村计划"是中菲两国友谊的生动写照。

5.2.1.5 科技创新

在科研及标准制定、智能电网发展和可再生能源接入方面，菲律宾国家电网公司取得长足进步。2019 年 6 月，菲律宾国家电网公司审议并颁布了《NGCP 施工质量和工艺标准》。该工艺标准在中国国家电网有限公司大力支持，公司驻菲律宾菲律宾国家电网公司高管团队协同配合下，组织召开中菲双方技术交流会，对标准工艺进行专题研讨，协调多名专家赴菲宣贯中国国家电网有限公司标准工艺，全程协助菲律宾国家电网公司完成编审工作，成功实现了《国家电网公司输变电工程标准工艺》的成果输出以及本土化落地。

《NGCP 施工质量和工艺标准》充分借鉴和参考了中国国家电网有限公司输变电工程标准工艺成果，结合菲律宾国家电网公司自身发展需求和菲律宾电网建设管理实际情况，对工艺事项进行删补和采纳，内容涵盖了输电线路、变电站土建和变电站电气三个专业，共计 8 个章节，108 项工艺标准（包括 305 项基本工艺单元）。

《NGCP 施工质量和工艺标准》实现了对菲律宾国家电网公司输变电工程质量管理、工艺设计、施工工艺和施工技术的重新整合和优化，弥补了菲律宾现行输变电工程标准中关于工艺标准的空白。新的标准将在存量合同以及规划输变电工程的设计、采购、施工和验收环节开展广泛应用，未来可有效提升菲律宾输变电工程质量，保障菲律宾电网安全可靠运行，为中国国家电网有限公司在菲律宾投资电网资产的健康稳定运营和良性循环发展提供有力支撑。该标准将首先在中菲重点产能合作项目之一的棉兰老岛—维萨亚直流联网项目上进行推广和使用。

菲律宾国家电网公司还与中国国家电网有限公司进行电网技术合作，通过中方主导的技术将菲律宾国内的电网的总体传输损耗率从 2013 年的 2.61% 降至了 2019 年的 2.19%。

5.2.2 马尼拉电力公司

5.2.2.1 公司概况

马尼拉电力公司（Manila Electric Railroad And Light Company，Meralco）是菲律宾最大的配售电公司，也是马尼拉大都会唯一的电力分销商，拥有 36 个城市和 75 个直辖市的配电特许经营权，包括首都以及在此基础上形成的大马尼拉地区，其特许经营面积超过 9685km^2。

5.2.2.2 历史沿革

1903 年，马尼拉电气铁路和轻型公司成立，为马尼拉及其郊区提供电力以及电动街道铁路系统。在之后的四十年间，马尼拉电力公司为马尼拉提供了第一个带电动有轨电车的现代化大众公共交通系统。第二次世界大战期间该交通系统遭到摧毁。

1948 年，马尼拉电力公司放弃了运输业务，转而专注于提供电力。电力服务为战后菲律宾这个独立于 1946 年的年轻共和国的恢复和早期工业化提供了动力。

1961 年，菲律宾投资者从其美国所有者那里购买了马尼拉电力公司。在接下来的十年中，新的菲律宾管理层以前所未有的速度建造了发电和配电设施，以满足其特许经营区域的蓬勃发展需求。马尼拉电力公司是第一家在华尔街美国金融市场成功发行抵押信托契约债券的菲律宾公司。同时，开明的人力资源管理制度确保了国内的工业稳定和员工忠诚度。

1969 年，马尼拉电力公司成为菲律宾第一家亿比索级的公司。更令人瞩目的是该公司的大部分营收都是在不依靠政府担保的情况下实现的。1970 年，马尼拉电力公司将其发电厂出售给国家电力公司，电力分销成为其核心业务。事实上，在 20 世纪 80 年代上半期，马尼拉电力公司的特许经营区面积从 2678km^2 增加到 9337km^2，增加了两倍，主要是因为省级消费者更喜欢马尼拉电力公司的价格和服务。

1980 年，根据政府的要求，马尼拉电力公司在 Baclaran 和 Caloocan 之间架构并运营了国内首个在马尼拉的高架轻轨（LRT）系统。1990 年，马尼拉电力公司将有效运作的系统交给了政府。

1995 年，马尼拉电力公司的管理层开始进行灵活的市场化管理以应对其所经营的不断变化的结构和环境。激励计划有不同的名称和口号，例如总质量管理计划、组织架构重设计划、马尼拉电力公司转型计划等，但它们有一些共同的特点：重视客户满意度、世界级的效率和生产力、绩效驱动的奖励、良好的企业员工、透明的治理体系，以及针对这些价值观的组织流程和人力资源开发。

2009 年，马尼拉电力公司与另外两家菲律宾大型企业集团 PLDT 和 San Miguel 集团合作并成功上市。这些协同合作伙伴关系不仅增加了商业机会和降低成本，而且还提供了新的、可扩展的和更实惠的电力服务。

5.2.2.3 组织架构

马尼拉电力公司董事会下设 7 个常设委员会，分别是执行委员会、提名与治理委员会、审计委员会、风险管理委员会、薪酬与领导发展委员会、财务委员会、关联交易委员会。具体组织架构见图 5-6。

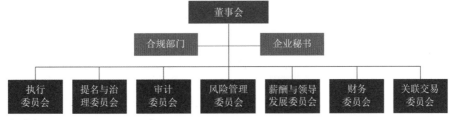

资料来源：马尼拉电力公司官网。

图 5-6 马尼拉电力公司组织架构

（1）执行委员会由 5 名董事组成，其中 1 名是独立董事。执行委员会可以通过其所有成员的多数投票，就董事会职权范围内的具体事项达成决议，或可以根据章程授权给董事会，在董事会多数投票的情况下达成决议，但须在不违反公司规定的前提下进行。

（2）提名与治理委员会负责筛选合格的被提名人选举为董事、评估董事的独立性、改进董事会组织和程序、建立董事会和管理层绩效评估机制，并为董事会的继续教育制定计划。

（3）审计委员会由 2 名独立董事和 1 名成员组成，他们在会计、财务、财务控制和信用风险管理领域拥有 20 多年的经验。审计委员会由 1 名独立董事担任主席。

（4）风险管理委员会由 2 名独立董事组成，负责协助董事会在风险管理流程中发挥监督作用。

（5）薪酬与领导发展委员会（前身为薪酬与福利委员会）根据董事会批准的理念和预算，协助董事会制定公司的整体薪酬和退休政策计划。

（6）财务委员会负责审查公司的财务运作以及公司的收购、投资等项目事宜。

（7）关联交易委员会由 6 名董事组成，其中 2 名为独立董事。关联交易委员会的主要任务是审查公司的所有重要报告。

5.2.2.4 业务情况

1. 经营区域

马尼拉电力公司服务于马尼拉大都会，是马尼拉大都会唯一的电力分销商，并服务于附近的一些省份，Bulacan、Cavite、Laguna、Batangas、Rizal、Quezon、Bulacan、Cavite 和 Rizal 完全由马尼拉电力公司服务，但在另一些省份，它仅服务于一部分区域，如 Laguna、Batangas 和 Quezon，其他区域由电力合作社提供服务。在 Laguna 和 Quezon，大部分区域由公司提供服务，但在其他地区，主要是农村地区，由电力合作社提供服务。在 Batangas 省，只有在 Santo Tomas 地区、第一菲律宾工业园和第一工业区经济特区提供服务，地点分别位于 Tanauan、Batangas、San Pascual 和 Laurel（Bayuays of Niyugan 和 Dayap Itaas）和 Calaca（Barangay Cahil 部分）的部分地区，由马尼拉电力公司提供服务，该省其他地区是电力合作社的特许经营区。

2. 经营业绩

马尼拉电力公司 2018—2020 年利润及净收入见图 5-7。

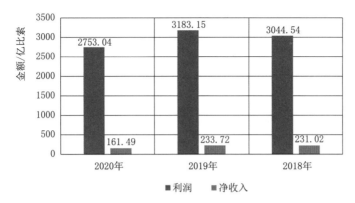

图 5-7 马尼拉电力公司 2018—2020 年利润及净收入

截至 2020 年年底，马尼拉电力公司利润为 2753.04 亿比索，约合 54.47 亿美元，比 2019 年下降 13.52%。其中，电力方面销售利润达 2679.46 亿比索，约合 53.07 亿美元，比 2018 年下降 13.6%，其他服务方面销售利润达 73.58 亿比索，约合 1.46 亿美元，比 2018 年下降 10.46%。2020 年公司净收入为 161.49 亿比索，约合 3.2 亿美元，比 2019 年下降 30.91%。公司分销电力结构见图 5-8。

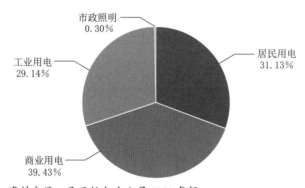

资料来源：马尼拉电力公司 2020 年报。

图 5-8 2019 年度马尼拉电力公司分销电力结构图

2019 年度马尼拉电力公司共有消费者账户 688.3 万个，其中居民账户 633.9 万个，商业账户 52.8 万个，工业账户 1.1 万个，市政照明账户 5000 个。居民账户与商业账户分别比 2018 年增加了 25.3 万个和 1.4 万个。公司 2019 年分销电量达到 46871GWh，比 2018 年增加了 2558GWh，增幅达 6%。其中居民用电量达 14589GWh，商业用电量达 18483GWh，工业用电量达 13659GWh，市政照明用电量达 140GWh，均比 2018 年有所增加。

5.2.2.5 科技创新

马尼拉电力公司在 2017 年标准普尔全球普拉茨全球能源奖（S＆P

Global Platts Global Energy Awards）中赢得两项入围奖项，该奖项被广泛认为是能源行业的奥斯卡奖。公司的入围提名来自超过 28 个国家，包括巴西、印度、波多黎各、沙特阿拉伯、南非、西班牙、俄罗斯、瑞士、阿根廷、中国、巴基斯坦、孟加拉国、泰国、英国和美国等。

马尼拉电力公司是唯一一家获得行业（电力）领导力类别提名的菲律宾公司，该奖项奖励成功开发和实施战略计划、优化绩效和增长、同时采取积极主动的方式应对急剧变化的业务和交易环境的行业内公司。而马尼拉电力公司因其系统损失管理计划（SLMP）的成功实施而获得认可，该计划在 2016 年创造了历史最佳损失管理水平，其达到了澳大利亚、英国等发达国家配电公司损失管理水平。

马尼拉电力公司的预付费电力计划（Meralco KLoad）也入围了年度突破性解决方案类别，该类别奖项专注于新技术的研发、独创性和商业化。Meralco KLoad 是世界上第一个将电力服务与电信骨干网集成的公司，允许通过手机进行日常账户管理，其提升了公司的服务水平并提高了客户的满意度，进而提高了 Meralco 的运营效率。

5.3 碳减排目标发展概况

5.3.1 碳减排目标

根据最新的菲律宾《2020—2040 年国家可再生能源计划》（NREP），菲律宾可再生能源发电量到 2030 年将占到 35%，到 2040 年将占到 50%。预计 2023—2027 年，共有 901MW 的已承诺可再生能源发电项目投入运营。其中，太阳能项目占 54%，水电项目占 26%。

5.3.2 碳减排政策

菲律宾最主要的能源减排政策来自于《国家可再生能源计划》。该计划提出了四种解决方案，以帮助实现可再生能源目标。这些方案包括：可再生能源转换路径，确定了强制性政策和自愿计划，将为可再生能源建立强大的需求和市场；可再生资源转换促进机制，通过法律、计划和活动促进建立适宜的可再生能源投资环境；离网可再生能源和可再生能源战略的有效利用，支持农村社区和离网地区的社会服务供给、生计和生活质量；制定具体的可再生能源计划和技术。

具体计划包括海上风力发电、废弃物转制能源、扩大屋顶太阳能发电和地热能发电。政府还计划在水电、海洋和潮汐能源领域开发新的可再生能源技术。

此外，菲律宾还通过《能源效率和保护法》（共和国法第 11285 号）规定了菲律宾境内提高能源效率和减少消费的计划。该法制定了新的电力性能评估标准。该法还制定了有关财政和其他奖励措施的政策，并鼓励为提高能源效率的措施提供优惠资金。

除此之外，菲律宾还通过《加强国家绿化计划》（2011 年第 26 号行政命令和 2015 年第 193 号行政命令）、《2019 年国家气候风险管理框架》、《可持续金融政策框架》等相关法律来逐步完善和强化菲律宾国内的减排措施。

5.3.3 碳减排目标对电力系统的影响

为了实现可再生能源目标，到 2040 年菲律宾需要再安装 102GW 电力容量，包括 27GW 太阳能发电、17GW 风电、6GW 水电、2.5GW 地热能发电和 364MW 生物质能发电。

在菲律宾《国家可再生能源计划》的指导下，菲律宾的可再生能源项目数量已经接近 1000 个，总装机容量约 5580MW。但总体离当初制定计划时的目标（约 48069MW）相差甚远。菲律宾可再生能源项目数量见表 5-5。

表 5-5   菲律宾可再生能源项目数量

能源	项目数量 / 个		潜在装机容量 /MW		已装机容量 /MW	
	商业	个人	商业	个人	商业	个人
水电	414	2	12113.480	1.560	1106.776	—
潮汐能发电	8	—	24.000	—	—	—
地热能发电	37	—	883.200	—	1928.070	—
风电	108	1	14822.030	1.000	442.900	0.010
太阳能发电	267	40	19991.630	9.990	1310.690	6.640
生物质能发电	61	21	219.140	3.100	614.106	175.271
小计	895	64	48053.480	15.650	5402.542	181.921
总计	959		48069.130		5584.463	

5.4 储能技术发展概况

5.4.1 储能技术发展现状

菲律宾国内目前暂未有大规模的储能项目铺开，主要还是以各点的储能为主，且各个储能系统并没有紧密的连接，总体呈现分散的状态。

5.4.2 主要储能模式

菲律宾潜在的储能应用领域主要有电网侧储能、离网（海岛）储能、用户侧储能。在先进电池中，锂离子电池目前获得了应用机会。在离网应用中，铅酸电池已经使用了最少 10 年。

1. 电网侧储能

储能为电网提供辅助服务在菲律宾刚刚起步。2015 年 6 月，菲律宾能源监管委员会（ERC）宣布，允许储能系统提供电网辅助服务；同年 7 月，AES 公司位于菲律宾的子公司宣布，计划在菲律宾部署 200~250MW 的电池储能系统。

菲律宾目前正在朝可再生能源转型，2014 年 4 月，菲律宾能源监管委员会将其太阳能的发展目标从 50MW 修订为 500MW，并提高了太阳能上网电价上限。截至 2015 年 6 月，太阳能的装机规模已经超过了 500MW，从业人员正在倡导重新修订发展目标。这些表明，菲律宾的太阳能光伏市场正在加速发展，作为菲律宾能源结构的重要组成部分，可再生能源的增长将刺激未来储能的部署，以确保电力系统的稳定。

2. 离网（海岛）储能

2013 年，菲律宾全境 86% 的地区实现了电气化，但在农村偏远区域，电气化水平只有 65%。来自菲律宾国家电力管理局的数据显示，菲律宾农村偏远地区还存在 250 万无电人口。另外，一些实现电气化的农村岛屿往往严重依赖柴油发电，用电成本高且容易中断。

Reiner Lemoine 研究所 2014 年的一份研究报告显示，在现有的柴油发电系统中，引入 6.7MW 光伏和 1MW 铅酸电池组成混合发电系统，将比现有的柴油发电系统节约成本 0.073 美元 /kWh，可满足超过 10 万个居民的用电需求。

另一份来自德国国际合作机构（GIZ）的报告显示，如果将现有的菲律宾离网柴油发电系统改造成电池、柴油混合使用的方式，到 2030 年，将可带来约 2700 万美元的年收益。

在这些报告发布后，柴油的价格开始大幅下降。与 2013 年相比，目前柴油混合发电系统的价值以及吸引力可能有所下降，但是能源安全仍将是促进储能系统发展的一个主要驱动因素。

3. 用户侧储能

对于菲律宾的电力用户来说，其付出的电费可能是整个亚洲地区最高的。马尼拉电力公司可为它的电力用户提供分时电价，这将为电池安装提供盈利机会。更关键的是，如同 GIZ 指出的，由于电力系统的不稳定性，工厂、酒店等电力用户将从备用储能电源中获得较高收益，这些实体也最有可能获取必要的融资来安装储能系统。

5.4.3 主要储能项目情况

菲律宾的电网是孤立的，总体基础相当薄弱，不同的区之间没有理想的互联系统。因此一些人口稠密的城市不可以作为能源枢纽，但可以绵延到人迹罕至的偏远地区。储能可以提高电网和供电的灵活性，也是一种平衡火电厂容量的方案，而这也是菲律宾发展储能系统的主要动力。

目前菲律宾的企业已经开始开展相关储能计划，但国家层面暂未单独为储能提出相关政策及支持。

随着菲律宾继续整合新的太阳能电站和风电场，小规模的调频系统显然难以满足需求。为了解决这个问题，菲律宾储能初创企业 Fluence 开发了一个名为 CHARGE 的六步流程，用于建立有效的调频系统。CHARGE 计划旨在帮助系统运营商和政策制定者了解现有资源的约束和限制，以及它们如何与系统交互；根据电网的特点（季节性、互联、径向连接等）运行试点存储项目，以开发一个经过地面测试的框架和政策，可以将调频储能资产更好地推广到具有充足的电网范围的辅助服务市场。

5.5 电力市场概况

5.5.1 电力市场运营模式

5.5.1.1 市场构成

菲律宾自 2001 年 6 月启动电力工业改革，是目前东盟 10 国中仅有的 2 个成功设立并运作电力现货市场的国家之一。菲律宾电网规模较小且结构相对简单，跨区交易少，为体现公平性，菲律宾基本照搬了新西兰的电力市场改革模式，采用调、输一体模式，即调度机构（System Operator，SO）隶属于输电公司，市场运营商（Market Operator，MO）是独立的。同时打破了垂直一体化的管理模式，把整个电力工业拆分为发、输、配、售 4 个环节，并在吕宋岛和维萨亚建立起了统一的电力批发现货市场（Wholesale Electricity Spot Market，WESM）。菲律宾电力市场构成见图 5-9。

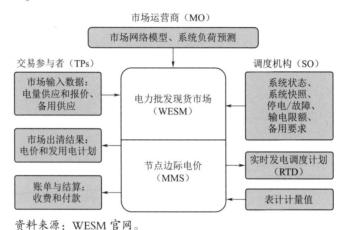

资料来源：WESM 官网。

图 5-9 菲律宾电力市场构成

WESM 主要由 MO、SO 以及交易参与者（Trade Participants，TPs）3 类主体构成。SO 负责向 MO 提供与系统状况相关的数据，例如：系统快照（包括网络拓扑结构、电网参数、机组运行参数、有功潮流、无功潮流、开关状态等信息），停电计划等，以及为满足 N-1 标准预先定义的事故清单；输电和安全（断面）限额；根据 WESM 规则、电网导则、电力监管委员会相关指令实时调度所有的发电设施和连接的负荷；为所有能提供辅助服务的发电商和用户提供测试；为合格发电商和用户颁发辅助服务合格证书；根据辅助服务采购协议与辅助服务供应商签订辅助服务双边购销合同。MO 负责定义和维护市场网络模型，预测系统负荷，制定并向 SO 发送实时发电调度计划（Real-time Dispatch，RTD）和发电优先顺序表，开展交易的计费和结算，按照 WESM 规则发布市场信息。TPs 负责遵守 WESM 注册要求，参与发电竞价，提交双边合同数据，遵守调度指令。

5.5.1.2 结算机制

菲律宾电力市场采用净额结算机制。电力市场仅结算总电量与合同电量的差额部分，而合同电量由合同双方自行结算。因此，电厂的收入结算机制由两部分组成：双边合同结算收入和电力市场结算收入，即：发电收入 = 双边合同结算收入 + 电力市场结算收入 = 合同电价合同电量 + 市场价格。

5.5.2 电力市场监管模式

5.5.2.1 监管制度

能源部和电力监管委员会为电力市场政府管理部门。能源部负责筹建电力市场，制定和修改电力市场规则。电力监管委员会侧重电价监管，电力市场定价规则均由电力监管委员会举行公开听证程序后确定，同时负责监督市场有效运作，并对反竞争或滥用市场力的行为进行惩罚。

5.5.2.2 监管对象

电力监管委员会的监管对象主要包括吕宋岛地区、维萨亚地区、棉兰老岛地区的发电企业、输电企业、配电企业、售电企业以及大用户等。

（1）发电企业主要包括独资发电企业（NPC）、合资发电企业（NPC-IPPs）、配电商所有的发电企业和独立发电商企业（IPPs）。

（2）输电企业主要是指菲律宾电力资产和负债管理总公司旗下的子公司 National Transmission Corporation（Transco）。2009 年，Transco 通过招标，将电网高压输电业务的特许运营权（25 年 +25 年）授予私营联合体——菲律宾国家电网公司，中国国家电网公司在菲律宾国家电网公司占有 40% 股份，其余 60% 股份由当地两家企业各占 30%。

（3）配电企业主要分为私营配电公司（Private Distribution Utility，PDU）和电力合作社（Electricity Cooperative，EC）。电力合作社主要指一些偏远地区的个体用户共同组建和拥有的配电机构，主要定位是满足自身用电需要。电力合作社一般是在菲律宾国家电气化局（NEA）和电力监管委员会组织和支持下成立，目前全国有 112 家。大多数电力合作社是非营利机构，为电力消费者服务。也为消费者所有，运营资金来自电力客户，如有营利也将退还客户。由于其公司的特殊性质，其运营和管理能力会存在很多问题，特别是债务隐瞒行为，农村电力合作社长期被视为高风险部门，以至于极少有商业信贷投向这个领域。有鉴于此，2011 年开始，NEA 为电力合作社建立了风险评级制度，一定程度上有助于规范电力合作社经营行为，促使其改进管理和服务。

（4）售电企业方面，菲律宾主要有配电企业的售电公司、发电企业的售电公司和纯个人或实体成立售电公司三类售电公司，其中前两类在菲律宾称为会员零售电力供应商，和第三类统称为零售电力供应商（RES）。另外，配电公司可在竞争市场上仅向其特许经营区内的大用户开展售电业务，此时配电公司可充当零售电力供应商的身份，被称为当地零售电力供应商。菲律宾《电力法》规定，零售电力供应商必须取得电力监管委员会发放的准可证才可以经营，而当地的零售电力供应商属于非管制业务，不需要电力监管委员会的批准。零售电力供应商和当地的零售电力供应商售电公司只能将电力卖给 750kW 以上大用户，他们获取电量的方式和输配电公司是一样的，可以通过 WESM 上的现货交易（Spot Marketing），也可以和发电厂签订长期供电协议 PSA。目前菲律宾全国共有 30 家零售电力供应商和 25 家 Local 零售电力供应商。

（5）大用户方面，菲律宾电力监管委员会根据用户用电功率的不同，将用户分为 1~750kW 用户，750kW~1MW 用户和 1MW 以上用户三个等级。其中，第一类用户称为配电公司的俘获性用户，只能从所在辖区的配电公司被动购电，没有选择权和议价权；后两类用户统称为可竞争用户，既可以从所在辖区的配电公司购电，也可自行选择售电公司并与之谈判购电电量和电价。根据菲律宾电改的方向，在未来，大用户只能从售电公司购电，不能再从配电公司购电。当大用户无法签到售电公司时（即市场上售电公司没有足额电力供应时），大用户可以从最后零售电力供应商（ORT）购电。截至 2019 年 1 月，菲律宾全国登记在册的可竞争用户一共 1880 家。

5.5.2.3 监管内容

电力监管委员会对菲律宾电力市场的监管内容如下：

（1）制定规则和法规，对零售竞争和开放获取进行市场监督；评估零售市场的表现并建议降低门槛水平；准备并发布定期市场报告；协调菲律宾分销规范标准。

（2）负责发布电力行业参与者的所有许可证；发布指导方针，监督合规情况并与电网管理委员会等机构就此事进行适当协调；检查发电厂的管理记录以确保符合标准。

（3）负责 RA-9513 计划的制定、实施、监测和审查，包括审查离网计划和离网可再生能源工厂现金奖励框架；实现 RA-9153 提供的其他功能。

（4）批准所有 WESM 定价方法和市场费率；制定及更新市场竞争规则；进行密集的市场监督，以监控反竞争行为；分析参与者行为和市场运行结果的，并定期准备市场报告。

5.5.3 电力市场价格机制

菲律宾电力市场采用全电量竞价价格机制。市场竞价时间间隔为 1h，1 天分为 24 个交易时段，第 1 个交易时段为 0:00—1:00，最后 1 个交易时段为 23:00—24:00。电力市场提前 2h 终止交易时段的报价（如 14:00 终止 16:00—17:00 交易时段的报价）。电厂交易员可将发电容量分为 10 个区段（可不相等），每一区段报出不同的价格，但价格必须随容量增大而上升。电力市场将发电容量按出价由低到高的顺序排列，直到满足预测的系统需求为止，最后一台满足系统需求的机组为边际机组，其报价为市场出清价。电力市场必须在交易时段前 5min 公布发电计划和电价，并提交调度中心和电厂遵照执行。菲律宾目前仅实行发电竞价的价格机制，尚未推行负荷竞价的价格机制。

第6章

■ 格鲁吉亚

6.1 能源资源与电力工业

6.1.1 一次能源资源概况

格鲁吉亚过去被认为是资源贫瘠型国家，但近年来，在格鲁吉亚西部、东部和黑海地区陆续发现了储量可观的石油和天然气资源，石油资源储量为5.8亿t，其中3.8亿t在陆上，2亿t在黑海，天然气储量为1520亿m³，但开采难度较大，因此格鲁吉亚目前尚未有相关油气资源的生产计划。

6.1.2 电力工业概况

6.1.2.1 发电装机容量

2018年格鲁吉亚境内主要发电厂共计76座，总装机容量4112.59MW。其中，水电站70座，装机容量共3166.7 MW；通过石油/天然气发电的火电厂共5座，装机容量共925.3 MW；小型风电场1座，仅20.6MW。格鲁吉亚2018年各类型发电装机容量见图6-1。

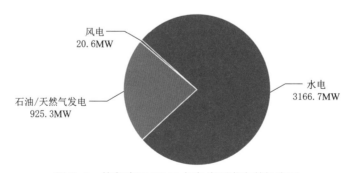

图6-1 格鲁吉亚2018年各类型发电装机容量

6.1.2.2 电力消费情况

2018年格鲁吉亚全国共消费电力11.8TWh，其中商业和公共服务业消费量最多,共 4202.0GWh,占比 35.6%;其次为居民用电,共 3532.7GWh,占比 30%;钢铁行业排名第三,共 2092.5GWh,占比 18%。格鲁吉亚 2018 年各领域电力消费量见图 6-2。

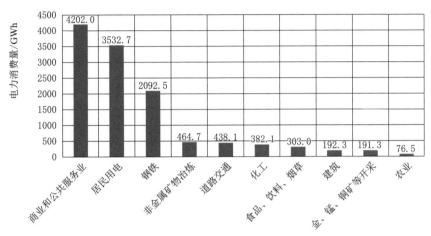

图 6-2 格鲁吉亚 2018 年各领域电力消费量

格鲁吉亚电力消费量呈现逐年高速上升的趋势,三年增长率均不低于 10%。2018 年格鲁吉亚电力消费量相较 2015 年上升 1493.52GWh,增长率为 14%。格鲁吉亚近年电力消费量及增长率见图 6-3。

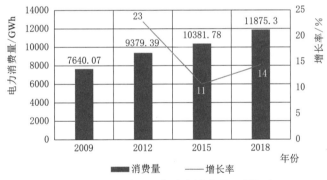

图 6-3 格鲁吉亚近年电力消费量及增长率

6.1.2.3 发电量及构成

据统计,2018 年,格鲁吉亚全年发电量为 11315.8GWh,较 2015 年上升 723.3GWh,其中水力发电占据绝大多数,共发电 9097.9GWh,占比为 80.4%。据了解,格鲁吉亚供电较为困难。格鲁吉亚近年各类型电源发电量见图 6-4。

虽然格鲁吉亚目前发电量能够维持一定的用电需求,但由于格鲁吉亚大部分发电能源依赖水电,因此在枯水季节需要依靠电力进口来缓解电力缺口。据统计,2018 年,格鲁吉亚电力进口量为 1497GWh,电力出口量为 686GWh，电力贸易逆差约为 811GWh。其中主要电力出口国家为俄罗斯（38%）、土耳其（42%）以及亚美尼亚（20%）；主要电力进口国家为俄罗斯（30%）、阿塞拜疆（61%）、亚美尼亚（9%）。格鲁吉亚近年电力进出口量见图 6-5。

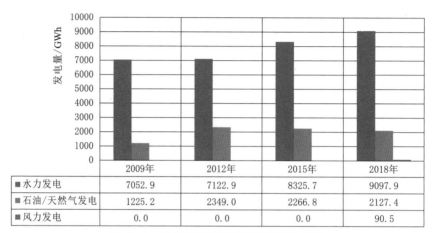

	2009年	2012年	2015年	2018年
■水力发电	7052.9	7122.9	8325.7	9097.9
■石油/天然气发电	1225.2	2349.0	2266.8	2127.4
■风力发电	0.0	0.0	0.0	90.5

图 6-4 格鲁吉亚近年各类型电源发电量

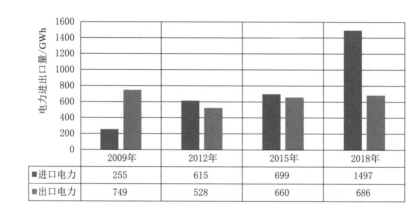

	2009年	2012年	2015年	2018年
■进口电力	255	615	699	1497
■出口电力	749	528	660	686

图 6-5 格鲁吉亚近年电力进出口量

6.1.2.4 电网结构

格鲁吉亚近年各电压等级输电线路长度见图 6-6。格鲁吉亚电网不设分区，共有 6 个电压等级，分别为 500kV、400kV、330kV、220kV、110kV 以及 35kV。截至 2018 年，格鲁吉亚全国输电线路总长为 4310.54km，其中 500 kV 输电线路长度 1149.7km；400kV 输电线路长度 32.2km；330kV 输电线路长度 21.1km；220kV 输电线路长度 1625.09km；110kV 输电线路长度 915.45km；35kV 输电线路长度 567km。值得注意的是，受制于国土面积，格鲁吉亚已多年未新建电网，未来电网重点将放在提升电压等级、提高输电效率上。

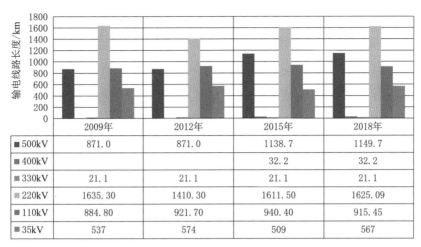

	2009年	2012年	2015年	2018年
■ 500kV	871.0	871.0	1138.7	1149.7
■ 400kV			32.2	32.2
■ 330kV	21.1	21.1	21.1	21.1
■ 220kV	1635.30	1410.30	1611.50	1625.09
■ 110kV	884.80	921.70	940.40	915.45
■ 35kV	537	574	509	567

图 6-6　格鲁吉亚近年各电压等级输电线路长度

6.1.3 电力管理体制

6.1.3.1 机构设置

格鲁吉亚电力管理体制根据格鲁吉亚《电力和天然气法》《电力市场规则》确定，主管部门为能源部，下设能源和水资源监管委员会、能源协调委员会、国家电网公司和系统商业运营商，实行发、输、配分业监管的模式。格鲁吉亚电力管理机构见图 6-7。

图 6-7　格鲁吉亚电力管理机构

6.1.3.2 职能分工

（1）能源部。负责制定电力政策和发展战略，批准电力市场规则，核查年度全国电量供给，确定并批准由系统商业运营商必须购买电量的新建电站名单和必须购买的电量（部分或全部）。

（2）能源和水资源监管委员会。负责能源和水资源法律的起草工作，消费者权益维护工作，电费制度起草及修订工作。

（3）能源协调委员会。负责颁发发电许可，审核并批准电价（发电、用户电价等），调解纠纷。

（4）国家电网公司（总调度）。负责审批并注册直供电协议、富余电量协议、备用电量协议（标准条件）。确保电量供需平衡，确保电量符合有关标准，确保系统的稳定可靠和可持续运行。

（5）系统商业运营商。负责审批和注册电力批发交易的合格企业，审核企业参与电力批发交易的注册，负责富余电量的购买和销售，负责提供备用容量（与电站签署备用容量购买协议），确认电量的买卖双方及其实际电量，负责计费电表的统一注册和监管。

6.1.4 电力调度机制

格鲁吉亚采取国家统一调度制度，不设分区调度，全国电力调度均由格鲁吉亚国家电网公司负责。

格鲁吉亚国家电网公司（Georgian State Electrosystem，GSE）是格鲁吉亚国内唯一的电力调度公司，除国内电力调度外，GSE 还负责格鲁吉亚电力进出口的调度工作。

6.2 主要电力机构

6.2.1 格鲁吉亚国家电网公司

6.2.1.1 公司概况

1. 总体情况

格鲁吉亚国家电网公司是一家电网传输系统运营商和调度机构。公司在格鲁吉亚全国拥有并经营着 3350km 的输电线路和 90 个变电站，负责管理国家调度中心，全国各区电网维护、电网新建等工作。GSE 还管理与邻国互联的跨境输电线路，包括俄罗斯、土耳其、亚美尼亚和阿塞拜疆。

2. 经营业绩

格鲁吉亚国家电网公司目前正处于高速发展期，2018 年总营收 1.33 亿里拉，约合 0.45 亿美元，较上一年增长 11%，约是 2014 年的 2.2 倍。2014—2018 年格鲁吉亚国家电网公司总营收和增长率见图 6-8。

6.2.1.2 历史沿革

格鲁吉亚国家电网公司成立于 2002 年，由 JSC Electrogadatsema 公司和 JSC Lectrodispetcherizatsia 公司合并而成。

2003 年，格鲁吉亚国家电网公司运营权交给了俄罗斯公司 ESBI International 运营。

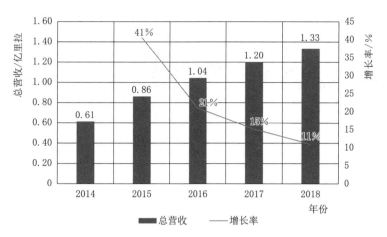

图6-8　2014—2018年格鲁吉亚国家电网公司总营收和增长率

2007年，格鲁吉亚政府收回了格鲁吉亚国家电网公司的全部运营权。

2011年，格鲁吉亚国家电网公司完成改制，格鲁吉亚政府收购了所有中小股东股权，成为了公司100%股权的股东。

2015年，格鲁吉亚国家电网公司发布了未来十年的格鲁吉亚电网规划计划，计划包括新增电网线路、提升输电效率、引入智能电网技术等一系列工作。

2015年，格鲁吉亚国家电网公司完成格鲁吉亚国家电力系统高压变电站综合改造计划，电力设备以及控制和保护系统（6~500kV）完全取代现有的变电站。

2016年，格鲁吉亚国家电网公司完成"Marneuli-500""Jvari-500""Khorga-220"变电站的建设。

2020年，国家财产局成为JSC Georgian State Electrosystem公司的100%所有者。同年，JSC"Georgian State Electrosystem"获得了平衡和辅助服务市场部门的电力市场经营许可证。

2021年，JSC"Georgian State Electrosystem"及其子公司"Energotrans"Ltd合并。同年，格鲁吉亚国家电网公司的整合工作顺利完成并且根据重整计划全额偿还了对债权人的财务义务。

6.2.1.3　组织架构

格鲁吉亚国家电网公司下设财务部门、采购部门、技术部门、调度运营部门、商业运营部门以及电网安全部门，其中后三者与电网业务直接相关。详细组织架构见图6-9。

图 6-9 格鲁吉亚国家电网公司组织架构

（1）调度运营部门。负责国家电力调度工作，同时还涉及电力进出口调度、电力需求分析、预测等工作。

（2）商业运营部门。负责新建电网线路，现有电网线路的运营、维修等工作。

（3）电网安全部门。负责国家电网的整体安全工作，包括日常安全检查、紧急事件响应等。

6.2.1.4 业务情况

格鲁吉亚国家电网公司负责管理格鲁吉亚国内约 3710km 长的电网，主要电压等级覆盖了 500kV、330kV、220kV 和 110kV。

目前格鲁吉亚国家电网公司正在开展一项电网提升计划，预计在 2023 年完成，总体投入约 2.34 亿欧元。项目旨在提升格鲁吉亚国内电网传输效率，增加与邻国电力互联的规模，以弥补国内在枯水季节的电力短缺问题。

除此以外，格鲁吉亚国家电网公司还提出了未来十年发展计划。预计到 2028 年，格鲁吉亚国家电网公司将新建约 1300km 的输电线路，提升国内输电线路总长的 35%。另外，还将新建 22 座配套变电站，总容量达 3200MVA。

6.2.1.5 科技创新

研发是格鲁吉亚国家电网公司长期发展战略的重要组成部分，智能电网是公司未来的主要研究方向，旨在实现电网调度、输电、配电各环节的自动化，同时还需要为大型紧急事故提供职能预警、解决机制规划等。

6.2.2 格鲁吉亚输电公司

6.2.2.1 公司概况

1. 总体情况

格鲁吉亚输电公司（JSC UES Sakrusenergo）成立于 1996 年，是在格鲁吉亚政府和俄罗斯统一电力公司的共同协商的基础上建立的。JSC 的股东是格鲁吉亚政府，由格鲁吉亚经济和可持续发展部以及俄罗斯统一电力公司 JSC 联邦电网公司（FGS UES）代表。

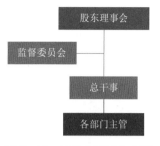

图 6-10　格鲁吉亚输电公司
管理架构

2. 管理架构

格鲁吉亚输电公司的最高管理机构是股东理事会。格鲁吉亚输电公司有一个监督委员会，负责监督管理公司的日常管理。公司的日常事项是由总干事负责管理。格鲁吉亚输电公司管理架构见图 6-10。

6.2.2.2　历史沿革

格鲁吉亚输电公司成立于 1996 年 5 月 27 日，由格鲁吉亚政府与俄罗斯政府联合成立，格鲁吉亚经济和可持续发展部及俄罗斯 JSC 联邦电网公司双方各占 50% 的公司股份。公司实际运营由格鲁吉亚负责，主要职责是管理格鲁吉亚周边，包括俄罗斯、土耳其、阿塞拜疆、亚美尼亚等国边界的相关输电线路。

6.2.2.3　组织架构

格鲁吉亚输电公司主要是由总干事负责整个公司管理，其下有工程部、财务部、科技服务部、科技安全部和维修部。格鲁吉亚输电公司组织架构见图 6-11。

图 6-11　格鲁吉亚输电公司组织架构

6.2.2.4　业务情况

目前，格鲁吉亚输电公司通过 500kV、400kV、330kV、220kV 输电线路与俄罗斯、土耳其、阿塞拜疆、亚美尼亚等国进行电力交换，其主要业务是将电力线保持在工作状态，要求公司永久性进行不同的预防、重建、修复和恢复活动。

（1）Imereti 500kV 输电线路。通过 Zestaphoni 变电站将 Enguri 生产的电力输送到佐治亚州东部并用于出口。它与 Enguri HPP 一起于 1978 年开始运营。其长度为 128km，极限载荷 900MW。

（2）Kartli-1 500kV 输电线路。连接 Ksani 和 Gardabani 变电站，于 1968 年投入运营，其长度为 91km，极限载荷 850MW。

（3）Kartli-2 500kV 输电线路。连接 Zestaphoni 和 Ksani 变电站，于 1968 年投入运营，其长度为 164km，极限载荷 850MW。

（4）Asureti 500kV 输电线路。连接 Ksani 和 Mukhrani 变电站，于 2016 年投入运营，其长度为 56km，极限载荷 600MW。

6.2.2.5 国际业务

格鲁吉亚输电公司拥有并经营 500kV、330kV 和 220kV 输电线路，包括如下线路：

（1）Kavkasioni 500kV 输电线路与俄罗斯能源系统并行运行，输电容量 600MW，Kavkasioni 500kV 输电线路连接 Enguri 水电站和 Centralnaya 的变电站。线路总长 405km，该线路于 1984 年投入运营。

（2）Gardabani 330kV 输电线路和 Mukhrani Veli 500kV 输电线路，与阿塞拜疆的能源系统并行运行，输电容量高达 900MW。Gardabani 330kV 输电线路和 Mukhrani Veli 500kV 输电线路，连接 Gardabani 变电站和 Aghstaph、Samukh 变电站。Gardabani 330kV 输电线路于 1958 年开始运营，Mukhrani Veli 500kV 输电线路于 1987 年开始运营。

（3）根据格鲁吉亚电力传输系统发展的十年计划，格鲁吉亚输电公司的任务是建造和运营连接格鲁吉亚和亚美尼亚能源系统的 Marneuli-Airum 和 Stephantsminda-Mozdok 输电线路（500kV）。格鲁吉亚境内的 Marneuli-Airum 线路长度为 37km，包括现有的 Marneuli-500 变电站至 M42hran 的 N42 塔以及格鲁吉亚—亚美尼亚边境 18km 长的新段。至于 Stephantsminda-Mozdok 500kV 输电线路，它可能成为 Kavkasioni 500kV 输电线路的替代品，其长度达到 130km。上述项目实施后，从俄罗斯到亚美尼亚和伊朗通过格鲁吉亚可以传输大约 1GW。Marneuli-Airum 500kV 输电线路将用于 Mozdok-Kazbegi-Ksani 的电力输送，这将保证格鲁吉亚能源系统的稳定性和安全性，并提高俄罗斯—格鲁吉亚和亚美尼亚—伊朗之间输电的可靠性。

邻国之间的输电线路在夏季为格鲁吉亚多余能源提供了出口机会，并在冬季格鲁吉亚电力系统供应不足时提供补给。

6.2.2.6 科技创新

格鲁吉亚输电公司有一项独特的电网建设结构技术"Kavkasioni"，其能在艰难的建设条件下，穿过许多山体滑坡和雪崩区，这些区域主要位于高加索山脊的北部和南部斜坡上。"Kavkasioni"早期的一个建设项目在Klichi和Makhar河峡谷斜坡上20km处发生了严重的损坏(塔的破坏、电线的断裂等）。

为了避免类似损坏，格鲁吉亚输电公司的第一副总干事决定使用绳索悬挂支架的方法，而不是高加索山脊南坡的金属塔（由于雪崩拆除）。悬挂支架用于在高山条件下建造绳桥（长度超过1000m），悬挂传输线。这种线路悬挂支架的方法，使得高山条件下的输电线路变得可行，其广泛的引进和应用将带来巨大的技术和经济效益。

6.3 碳减排目标发展概况

6.3.1 碳减排目标

格鲁吉亚早在1990年就实现了碳达峰，一方面是因为格鲁吉亚国内绝大部分都是采用水力发电，电力系统碳排放较少；另一方面也和格鲁吉亚国内常年的经济衰退有关。格鲁吉亚尚没有制定相关的减排目标。

6.3.2 碳减排政策

格鲁吉亚与环保、减排有关的最大的法律及政策支持是2020年出台的格鲁吉亚《能源效率法》，该法旨在促进节能，保证电力供应安全，消除能源市场提高能源效率的障碍。它为实施促进能源效率的措施制定了法律框架，以实现《格鲁吉亚加入建立能源共同体条约议定书》中规定的目标。该法律还规定了制定国家能源效率目标的程序、通过能源效率行动计划的程序、能源效率承诺计划，以及包括调频系统在内的能源效率政策。

6.4 电力市场概况

6.4.1 电力市场运营模式

6.4.1.1 市场构成

格鲁吉亚电力市场由格鲁吉亚国家电网公司（含调度）、格电力系统商业营运商、发电企业、供电公司、直接用户和电力进出口商组成。

电量买卖主要通过发电企业、电力进口企业与供电公司、电力出口企业和直接用户签订直供协议为主，电网富余电量和备用电量由系统商业运营商负责经营。供电公司和系统商业运营商均拥有电力进出口权并实际经营电力进出口业务。

6.4.1.2 结算模式

装机容量在 13MW 以上的所有发电企业的发电电价、电网过网电价、调度电价、供电公司零售电价、系统商业运营商进出口电价均需通过格鲁吉亚能源协调委员会审批。装机容量在 13MW 以下的电站（含 13MW）的电价已解除管制，可自行协商定价。此外，为了鼓励新建电站，2008 年 10 月 28 日格鲁吉亚能源部部长签署第 92 号部长令，对 2008 年 8 月 1 日之后建设的电站（装机容量不限）价格解除管制，即以后新建的电站可自由定价。

6.4.2 电力市场监管模式

格鲁吉亚政府通过格鲁吉亚能源和水资源监管委员会实现对电力市场的监管，该委员会负责对发电、输电、配电等各环节进行监督，依法授发许可证、制定政策和上网电价等。

电力市场监管对象主要以售电公司为主，最近几年格鲁吉亚政府大力推行私有化，电力行业尤其突出，国内最大的售电公司泰拉斯公司便由俄罗斯 Inter Rao 公司控股。

目前格鲁吉亚拥有三家售电公司，占格鲁吉亚电力消费总量的 70%。具体售电公司情况见表 6-1。

表 6-1　　　　　　　　　格鲁吉亚售电公司情况

公司名称	管理者	负责市场
泰拉斯公司（Telasi）	俄罗斯 Inter Rao 公司	第比利斯
卡赫季售电公司	—	卡赫季州
Energy Pro 公司	捷克公司	除以上两地外格鲁吉亚其他地区

6.4.3 电力市场价格机制

格鲁吉亚针对非居民用电，根据电压等级来区分收费，针对居民用电根据用电等级来区分收费。具体电价见表 6-2。

表 6-2 格鲁吉亚 2018 年电价

电压等级	用电等级	电价 /［拉里 /kWh（美分 /kWh）］
220kV/380 kV 非居民用电		0.14（4.76）
220kV/380 kV 居民用电	<100kWh	0.08（2.72）
	101~300kWh	0.11（3.74）
	>300kWh	0.15（5.10）
6~10kV		0.13（4.42）
35~110kV		0.07（2.38）

注 1 拉里 =34 美分。

第7章

■ 哈萨克斯坦

7.1 能源资源与电力工业

7.1.1 一次能源资源概况

目前，哈萨克斯坦国家储备资金的 90% 以上来自能源出口。哈萨克斯坦现有燃料能源综合体资源基础保障了已探明储量的碳氢化合物（12位）、煤炭（7位）和铀（2位），在国际上处于领先地位。

在哈萨克斯坦国家矿产平衡计算的可开采油气田储量中，有 48 亿 t 石油（267 座油田）、1600 亿 m^3 游离气体和气顶、1400 亿 m^3 溶解气体和 4.41 亿 t 凝析油（62 座气田）。绝大多数油气田集中在阿特劳州（72%）和曼吉斯套州（12%），其余的分布在哈萨克斯坦西部、中部、东部和南部五个州。根据预测，石油约 180 亿 t（包括哈萨克斯坦里海所属区域的 100 亿 t 储量），石油中的溶解和游离天然气约 1100 亿 m^3。实际上，90% 的石油储量分布在 12 家最大的矿产资源开发者手中，北里海作业公司（45%）和田吉兹雪佛龙（24%）拥有最多的储量，中小型开采公司拥有 10%，其余 1% 暂无开采。哈萨克斯坦已探明的煤炭储量超过 340 亿 t，其中石煤 62%，褐煤 38%，共有 147 个项目，47 个采煤区。煤主要集中在卡拉干达、埃基巴斯图兹、玛依秋宾斯克、托尔加伊斯科和田尼斯—科尔中科里斯克五大采煤区，还有博尔雷、舒巴尔科里、萨玛尔斯柯耶、扎乌亚罗夫斯科耶、吉亚科特、扎雷恩、卡伊那玛、库硕柯、博甘巴依和喀拉哲拉 10 个大型煤矿，这些煤矿主要分布在卡拉干达州、巴甫洛达尔州、科斯塔奈州、阿克莫林州和东哈州。煤炭预测储量超过 1050 亿 t，其中 270 亿 t 石煤，其余为褐煤。

根据 2022 年《BP 世界能源统计年鉴》，哈萨克斯坦 2021 年一次能源消费量达到 6811.5 万 t 油当量，其中石油消费量达到 1505.7 万 t 油当量，天然气消费量达到 1314.5 万 t 油当量，煤炭消费量达到 3728.4 万 t 油当量，水电消费量达到 215.1 万 t 油当量，可再生能源消费量达到 71.7 万 t 油当量。

7.1.2　电力工业概况

7.1.2.1　发电装机容量

哈萨克斯坦国内发电装机容量截至 2020 年年底共 23621.6MW，2019 年国内发电装机容量为 22936.6MW。目前，哈萨克斯坦石油和煤炭等化石燃料发电占比约为 90%。哈萨克斯坦的石油和煤炭资源丰富，短期内仍将维持以化石燃料发电为主的电力供给结构，因此更新现有电力设施、提高能效将有助于提高电力供给能力并实现减排目标。哈萨克斯坦 2019—2020 年发电装机容量对比见图 7-1。

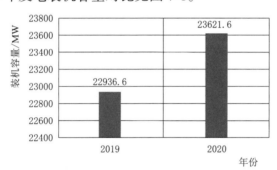

资料来源：哈萨克斯坦国家电网公司年报。

图 7-1　哈萨克斯坦 2019—2020 年发电装机容量对比

哈萨克斯坦可再生能源潜力巨大。但电力供应与需求存在地理不平衡，且可再生能源发电成本高于火电。目前，阿拉木图州周围的山地河流集中了全国 65% 的水能资源。强对流气候下该国 50% 以上地区年均风速达 4~5m/s；南部日照时间每年达 2200~3000h，水电、风电、太阳能发电均具有开发前景，据推测，大约每年有 115TWh 的可开发量。同时，技术方面的潜力也是巨大的，每年大约超过 3000 亿 kWh 可长期利用。

7.1.2.2　发电量及构成

截至 2020 年年底，哈萨克斯坦国内发电总量为 108.0858TWh，较 2019 年增长 2.056TWh，同比增长 1.9%。其中火力发电为 96.1903TWh（石油发电 86.6626TWh，天然气发电 9.5277TWh），占比 89.0%；水力发电为 9.5458TWh，占比 8.8%；太阳能发电和风电为 2.3448TWh，占比 2.2%。哈萨克斯坦 2020 年主要能源发电量见图 7-2。

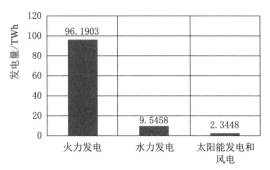

图 7-2 哈萨克斯坦 2020 年主要能源发电量

据了解，哈萨克斯坦各地区电力资源分配不平衡。北部地区电力较为丰富，西部和南部为电力短缺地区，但电力紧张状况可以通过北部地区送电和从中亚共同电网（吉尔吉斯斯坦和乌兹别克斯坦国家电网）进口电力等得到缓解。除极偏远地区以外，企业赴哈萨克斯坦投资不需要自备发电设备。哈萨克斯坦 2020 年主要能源发电占比见图 7-3。

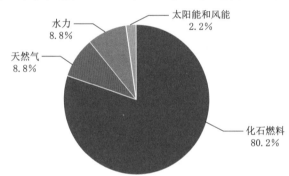

资料来源：哈萨克斯坦国家电网公司年报。

图 7-3 哈萨克斯坦 2020 年主要能源发电占比

7.1.2.3 电网结构

哈萨克斯坦可以划分为三个主要的电力生产和消费区：北部地区、西部地区和南部地区。位于西北部的埃基巴斯图兹盛产煤炭，并拥有众多的水电设施，是哈萨克斯坦主要的电力生产基地。北部地区是全国80% 的电力生产地，也是全国最耗电的地区，耗电量占全国总耗电量的70%。西部地区消耗全国电量的12%，主要依靠利用该地区的天然气及其他碳氢燃料发电。南部地区的耗电量占全国的18%，电力供应短缺，一般从北部地区及周边国家输入电力。

哈萨克斯坦输变电电压等级为 0.4kV/6kV/10kV/35kV/110kV/220kV/500kV/1150kV，其中与俄罗斯、乌兹别克斯坦和吉尔吉斯斯坦的输电线电压等级分别为 110kV/220kV/500kV，输电线总长度约为 47 万 km，其中哈萨克斯坦国家电网公司拥有全部 220kV 输电线路，总长度约为 25 万 km。

7.1.3 电力管理体制

7.1.3.1 机构设置

在 20 世纪 90 年代中期以前，哈萨克斯坦实行中央计划的电力管理体制。1995 年哈萨克斯坦总统颁布关于电力能源的总统令，哈萨克斯坦政府随后于 1996 年出台了电力系统私有化和改组纲要，这成为哈萨克斯坦电力系统市场化改革的政策基础。哈萨克斯坦自此开始电力市场改革，由中央计划的经济体制向市场主导的经济体制过渡。在转轨初期，哈萨克斯坦与市场经济相适应的电力管理法律法规尚不健全，对市场经济条件下的电力管理方式也缺乏经验，难以完全做到依法依规管理，因此需要一定的行政手段和政策指导支持。到了 2000 年，以及随后的五年间，哈萨克斯坦电力系统进行了大刀阔斧的变革，所有发电厂均实现了私有化，配电网的私有化也已经完成了部分工作。为建立国内电力市场、降低电价，哈萨克斯坦改组了国家电网，哈萨克斯坦国家电网公司成为技术支持商，组建了一批独立的电力生产公司。为了配送和销售电力，在原有电网的基础上组建了一批地区电力公司。这样，原来统一的哈萨克斯坦国家电网公司一分为三，并逐渐形成了目前的电力管理体制。

7.1.3.2 职能分工

哈萨克斯坦电力企业与不同的机构有紧密的联系。这些机构形式有政府机关、私营机构、行业组织等。哈萨克斯坦电力机构组织架构见图 7-4。

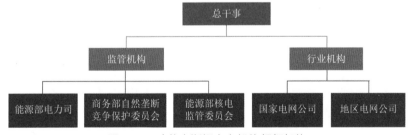

图 7-4　哈萨克斯坦电力机构组织架构

（1）能源部电力司（Ministry of Energy）。哈萨克斯坦的电力监管主要由能源部负责。

（2）商务部自然垄断竞争保护委员会。其是国家能源事务的主要监管和引导机构，同时负责电力行业的反垄断监管。

（3）能源部核电监管委员会。负责监督哈萨克斯坦国内核电站项目的招商引资与工程监管。

（4）国家电网公司是国家电网（主要是高压电网）的拥有者和管理者。

（5）地区电网公司是在某一地区内，电网电压为 0.4kV、6~10kV 和 35~100kV 电网的拥有者和管理者。

7.1.4　电力调度机制

哈萨克斯坦电力调度机制主要掌握在地区电网公司手中，国家电网难以形成统一有效的调度。虽然国家电网公司下设调度机构，但由于地区间电力生产差异及传输成本和传输损耗等问题，大部分电力调度实际由地区电网公司掌握，根据用电计划调节电力的使用。

哈萨克斯坦地区电网公司共有 21 家，其中 14 家地区电网公司为私人企业，包括科克舍套能源公司、北哈萨克斯坦地区电网公司、科斯塔奈公共能源公司、塔尔迪库尔干电网股份公司、江布尔能源公司、奥杜斯基克电网公司、克兹洛尔达地区电网公司、巴甫洛达尔能源公司、卡拉干达电网公司、阿德劳电网公司等；2 家地区电网公司已经归属市政所有；3 家地区电网公司的国有股份转移管理，包括东哈萨克斯坦地区电网公司、东哈电网公司塞米巴拉金斯克分公司、哈铜业公司热孜卡兹冈地区电网公司；2 家地区电网公司为 100% 国有股权，包括曼吉斯套地区电网公司和西哈萨克斯坦地区电网公司。

地区电网公司在哈萨克斯坦国内电力行业零售市场中占有重要地位，根据相关法规可行使一定的管理和调控职能，包括：在行政区划内，只允许一家地区电网公司行使电力输送和调配的职能；地区电网公司除了通过地区级电网配送电能外，还要根据用电计划调节电力的使用，保证供电质量，及时处理计划外用电等。

7.2　主要电力机构

7.2.1　哈萨克斯坦国家电网公司

7.2.1.1　公司概况

哈萨克斯坦国家电网公司（KEGOC）根据哈萨克斯坦政府决议 1188 号文件，于 1997 年 7 月 11 日成立。哈萨克斯坦政府是哈萨克斯坦国家电网公司的创始人。国家电网公司向电力生产商提供电力传输服务，由国家电网输电线路连接到电网的批发客户（配电组织和主要客户）。

7.2.1.2 历史沿革

1997 年，哈萨克斯坦国家电网公司在哈萨克斯坦共和国电力系统管理体制改革的背景下，以哈萨克斯坦能源公司（Kazakhstan Energy National Holding）的资产组合为基础成立。

2000 年，首次为俄罗斯—哈萨克斯坦—中亚的并联运行建立了电网。

2008 年 12 月 17 日，哈萨克斯坦北部的 500kV 电网上线。

2011 年，公司进行人民首次公开发行（IPO）战略。

2015 年，作为人民首次公开发行（IPO）计划的一部分，哈萨克斯坦国家电网公司通过认购在哈萨克斯坦股市发行普通股。公司在哈萨克斯坦股市上市的普通股数量为 25999999 股。

2016 年，哈萨克斯坦国家电网公司成为国际大电网会议（CIGRE）成员。CIGRE 成员包括电力行业各领域的 1000 多个组织和 6000 多名专家。

2017 年，哈萨克斯坦国家电网公司在阿拉木图主持了电力行业的一项重要区域性活动，即中亚电力协调委员会（CEPC CA）第 26 次会议。此外，公司举办了一场国际会议，致力于"Astana EXPO-2017"国际展览和公司成立 20 周年庆典。

2018 年，哈萨克斯坦国家电网公司是 Samruk-Kazyna 的第一批投资组合公司，根据 Samruk-Kazyna 主权财富基金与 Atameken 哈萨克斯坦国家企业家协会的合作协议，与国内生产商签署了高压设备供应合同。

2019 年，哈萨克斯坦国家电网公司成功完成巴甫洛达尔输电加固工程、哈萨克斯坦输电改造项目二期图尔库巴斯和布基纳法索之间的 220 kV 架空输电线路建设。

7.2.1.3 组织架构

哈萨克斯坦国家电网公司组织架构见图 7-5。

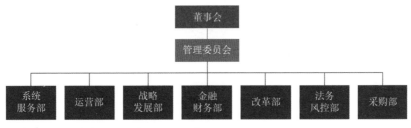

资料来源：哈萨克斯坦国家电网公司官网。

图 7-5 哈萨克斯坦国家电网公司组织架构

哈萨克斯坦国家电网公司上层设置董事会,董事会下设置管理委员会,管理委员会下设 7 个部门,分别为系统服务部、运营部、战略发展部、金融财务部、改革部、法务风控部、采购部。

7.2.1.4 业务情况

1. 经营区域

哈萨克斯坦国家电网公司主营业务为输电,目前基本覆盖国内全部输电网络,并负责其建设及升级维护,经营区域覆盖全哈萨克斯坦境内。

2. 经营业绩

截至 2018 年年底,哈萨克斯坦国家电网公司拥有约 81 座变电站,输电线路全长 26997.923km,其中 1150kV 输电线路 1421km,500kV 输电线路 8288km,330kV 输电线路 1863 km,220kV 输电线路 14899km,110kV 输电线路 353km,其他输电线路约 174km。

哈萨克斯坦国家电网公司 2020 年综合总收入达 3506 亿坚戈(约 55 亿人民币),较上一年 2631 亿坚戈(约 42 亿人民币)增长 33%;净利润为 534 亿坚戈,较 2019 年(407 亿坚戈)增长 31%。主要增长点在于由可再生能源发电产生的销售收入、受管制服务的收入及为维持电力负荷准备相关服务的收入(FSCRESLLP 的收入)。哈萨克斯坦国家电网公司经营情况见图 7-6。

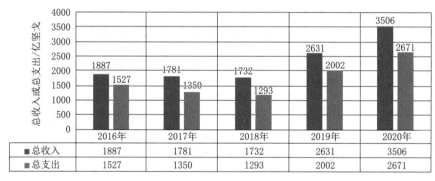

资料来源:哈萨克斯坦国家电网公司年报。

图 7-6　哈萨克斯坦国家电网公司经营情况

7.2.1.5 国际业务

哈萨克斯坦国家电网公司国际业务主要集中在与俄罗斯的电力买卖上,2018 年公司为了解决未预期的电力峰流,从俄罗斯购买了 1020 万kWh 的电力,价值约 24.9 万美元。

7.2.1.6　科技创新

为提高哈萨克斯坦电网的整体可靠性、可管理性和可观测性,哈萨克斯坦国家电网公司启动了以下技术开发项目:应急控制自动化系统;引进自动频率和功率流控制系统;基于同步相量技术的监控系统(广域控制系统/广域测量系统)。其主要目的在于在不增加电网建设的情况下,提高电网的传输能力,减小与俄罗斯边境的电力偏离,以及在电网故障期间降低消费者断电的等级。

7.3　碳减排目标发展概况

7.3.1　碳减排目标

哈萨克斯坦于 2020 年 12 月在联合国气候峰会上提出,到 2060 年实现碳中和的目标,并正在与德国政府联合制定《哈萨克斯坦 2060 实现碳中和目标政策声明》(简称《政策声明》)。《政策声明》是哈萨克斯坦关于减少温室气体排放长期愿景的首份重要文件,表明哈萨克斯坦政府高度重视在低碳经济条件下实现社会公平转型。实行低碳政策意味着逐步告别传统能源。"绿色增长"转型和规划涉及社会、性别、居民教育、职业技能培训(包括残疾人)等一系列问题。社会公平转型是实现"脱碳"的基本原则之一。

但截至目前,《政策声明》还在制定之中,哈萨克斯坦官方也并没有具体的实施路线图出台。仅提出与 1990 年相比,到 2030 年温室气体排放量减少 15%~25%。

7.3.2　碳减排政策

由于哈萨克斯坦国内以化石燃料作为主要发电来源,减排政策制定一直都较为落后。目前与碳减排相关的政策、法律仅为 2016 年颁布的《绿色经济转型法》,该法律的目的是改善与生态和可再生能源有关的立法,对土地、水、环境、税收和企业守则进行了修改,以加强可持续性发展。在与气候变化直接相关的方面,该法律进一步支持可再生能源发电,建立可再生能源储备基金,并改善了将可再生能源连接到国家电网的机制。

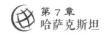
7.3.3　碳减排目标对电力系统的影响

虽然哈萨克斯坦制定了相关的减排目标，但其目标并没有在电力系统上有所反映，总体还是非常依赖化石能源。目前国内仅有97个运营中的可再生能源设施，其中一半以上的可再生能源来自太阳能电站，仅占全国装机总量的0.6%。

7.4　储能技术发展概况

目前哈萨克斯坦的主要发电来源还是以化石能源为主，可再生能源占比较少。该国暂时未建立成体系的储能系统。但哈萨克斯坦国家电网正考虑引入相关储能设备，以应对之后的可再生能源发展。

哈萨克斯坦生态部最近提交了一份关于到2060年实现碳中和的战略草案，其中强调了储能系统在使可再生能源进入常规能源系统以实现脱碳的重要性，但并未对储能提出实质性的支持计划。监管问题是哈萨克斯坦有效实施储能系统的主要障碍之一。目前，哈萨克斯坦没有支持储能系统的具体法规或计划。本质上，哈萨克斯坦几乎没有对储能系统的所有权、建设和运营进行监管，未来还存在较大的立法空间。

7.5　电力市场概况

7.5.1　电力市场运营模式

7.5.1.1　市场构成

哈萨克斯坦是中亚的电力生产大国。从1996年开始，哈萨克斯坦在电力领域实行改革，改革措施主要有三项：一是对电力企业的私有化和公司化的改造，除干线输变电网仍由国家控制外，大部分电厂和地方电网企业都容许私人企业参与，或用于抵偿债务；二是将电力生产与输送业务分开，以便电力生产领域实现竞争，提高服务质量；三是建立电力批发市场，解决电力供需问题。

目前，哈萨克斯坦电力市场主要由分散式电力市场、集中式电力市场、系统及辅助服务市场、平衡电力市场四部分构成。

1. 分散式电力市场（Decentralized electricity market）

分散式电力市场是双边直接买卖电力的市场，其价格、金额和交货期由双方自行约定（占买卖交易的90%）。

2. 集中式电力市场（Centralized electricity market）

集中式电力市场是一个交易平台，它作为一个交易所运作。交易包括短期（日前现货交易）、中期（周、月）和长期（季度、年）。

3. 系统及辅助服务市场（System and auxiliary services market）

系统及辅助服务市场是指系统经营者向市场主体提供系统服务，以支持电力市场的运行，并在竞争环境下购买辅助服务的市场。

4. 平衡电力市场（Balancing electricity market）

平衡电力市场是在电网运营时间内，对实际耗电量和合同发电量之间存在的不平衡进行电力金融交易的市场。该市场中的交易需由电网运营商批准后方可执行。

7.5.1.2　结算机制

哈萨克斯坦电力交易市场借鉴北欧电力交易所（Nord Pool）、德国的欧洲能源交易所（EEX）、荷兰 APX 交易所、英国电力交易所（UKPX）、奥地利能源交易所（EXAA）等能源交易市场的交易模式，于 2002 年建立了符合国情的电力批发交易规则，按照"提前一天市场清算电价"的模式运作。

7.5.2　电力市场监管模式

7.5.2.1　监管制度

电力工业主要由哈萨克斯坦能源和矿产资源部下属的国家能源监督管理公共机构国家能源监督管理委员会进行监督和控制；哈萨克斯坦自然垄断竞争保护委员会是按照哈萨克斯坦立法规定的程序，对自然垄断和受管制的市场（包括电力工业的市场）进行管理的国家机构。

1. 独立监管

监管机构相对于政府是独立的，尽管属于政府相应部门，但职权与汇报相对独立，相对于被监管对象和消费者也是独立的。它以第三者的角度保护电力市场的竞争性和公正性，让消费者享有充分的市场信息，并对不遵守市场规则的厂商进行处罚。

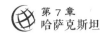
2. 分环节监管

分环节监管是放松竞争环节（发电和售电）的监管，加强自然垄断环节（输配电）的网络接入监管。

3. 法律监管

哈萨克斯坦同时通过法律途径，如设置 "On Natural Monopolies"（自然垄断监管）来监管电力行业垄断等现象。

7.5.2.2 监管对象

主要监管对象有电力用户、输电系统、配电系统及相关电力公司，由国家能源监督管理委员会与自然垄断竞争保护委员会进行监管。

7.5.2.3 监管内容

1. 国家能源监督管理委员会监管内容

（1）根据哈萨克斯坦的法规，满足电力工业的技术要求。

（2）发电厂，电力和热力网，用户用电、取热设备的运行情况和技术条件。

（3）符合电力和热力质量的技术要求。

（4）合理经济使用，优化电、热生产、输送和消费方式。

（5）发电厂、电力和热力网准备就绪，可在秋冬季条件下运行。

2. 国家能源监督管理委员会的职责和任务

（1）参与检查电力公司的董事会的工作，以评估设施和设备在冬季条件下是否准备就绪。

（2）对造成哈萨克斯坦统一电力系统分拆成若干部分，电力和热能消费受到巨大限制，大型电力设备受到损坏的发电厂、热力和电力网络的重大运行干扰进行调查，并保存调查记录。

（3）定期检查发电厂、电力和热力网、用户用电设备的技术状况。

（4）组织电力、热力生产、输配及其购进转售、技术控制和电力机组安全运行组织负责人进行技术运行知识和安全规程的资格考试。

（5）组织电力设施能源专家对电力、热能安全高效生产、输配和使用情况进行评估，监督节能政策的实施情况，检查单位能源利用效率。

（6）编写关于改进哈萨克斯坦电力工业立法的提案。

（7）组织拟订节能方案、规章和程序行为、法律和经济机制。

（8）向各组织的业主提出建议，对电力工业中造成事故和其他严重违反法律规定的人采取纪律行动，或者将材料转交国家有关部门，对违反电力行业法律的人提起行政诉讼或者刑事诉讼。

7.5.3 电力市场价格机制

哈萨克斯坦电网价格机制主要分为两项，分别为入网费和输送费。哈萨克斯坦反垄断委员会将全国电力输送分为 8 个区域，与哈萨克斯坦国家电网公司下属 9 家电网公司管辖区域基本对应。

电力进出口方面分为电力过境中转费、电力出口传输费、入网技术调度服务费。主要 8 个产生电力传输费用的地区分别为西姆肯特区、阿拉木图区、中央地区、东部地区、东北地区、北部地区、西部地区和西北地区。

第 8 章

▪ 韩 国

8.1 能源资源与电力工业

8.1.1 一次能源资源概况

韩国是能源资源极度贫乏的国家，几乎没有任何化石能源储量，水能等可再生能源的可开发量也十分有限。煤炭、石油、天然气几乎都依赖进口。为了提高本国能源自给能力，韩国政府日益注重发展核电。

根据 2022 年《BP 世界能源统计年鉴》统计，韩国可探明煤炭储量 22819 万 t 油当量，煤炭产量约 48 万 t 油当量。一次能源消费量达到 30066.2 万 t 油当量，其中石油能源占主导地位，占比 50%，石油消费量达到 12882.1 万 t 油当量；天然气消费量为 7265.6 万 t 油当量，占比 12.08%；煤炭消费量 5377.5 万 t 油当量，占比 8.94%，相对上一年占比下降较多；核能消费量 3417.7 万 t 油当量，占比约 5.68%；可再生能源消费量 1051.6 万 t 油当量，水电消费量 71.7 万 t 油当量，占比非常小。

由于这些资源几乎都依靠进口，因此韩国是全球最重要的能源贸易国之一。以液化天然气为例，2021 年韩国液化天然气（LNG）进口量达 4640 万 t，同比增长 15%（其中超过一半来自中东地区），韩国是仅次于中国的 2021 年 LNG 进口增量最大的国家。

8.1.2 电力工业概况

8.1.2.1 发电装机容量

截至 2021 年年底，韩国全国装机容量达到 143GW。其中火电占比最大，为 63%，装机容量达到 89.6 GW。核电装机容量达到 24.4GW，占比为 17%。非水电的可再生能源装机容量为 22.5GW，占比 15.7%，其中光伏为 18.4GW；水电装机容量为 6.5GW（含抽水蓄能发电）。韩国 2020—2021 年装机容量见图 8-1。

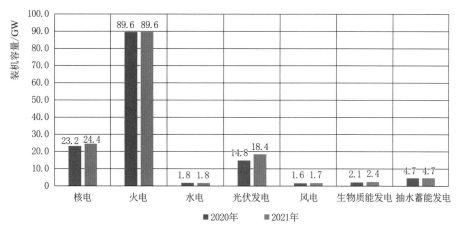

数据来源：韩国电力公司年报。

图 8-1 韩国 2020—2021 年装机容量

8.1.2.2 发电量及构成

截至 2021 年年底，韩国全国发电量为 588.5TWh。其中火电发电量占比最大，为 66%，发电量为 390.6TWh；核电发电量为 150.5TWh，占比 25%。可再生能源发电量位于第三，占比为 8%，发电量为 47.7TWh，其中水电发电量为 3.1TWh。据了解，韩国供电可靠率达 99.8%。韩国 2019—2020 年全国发电量及其构成见图 8-2。

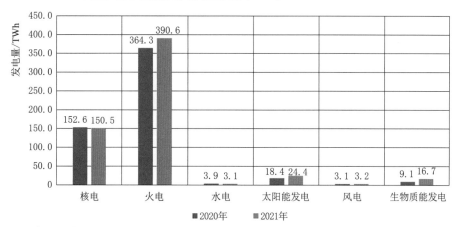

数据来源：韩国电力公司年报。

图 8-2 韩国 2019—2020 年全国发电量及其构成

8.1.2.3 电网结构

韩国一次能源匮乏，没有石油、天然气资源储备，只有少量煤炭资源，煤炭、石油、天然气几乎都依赖进口，能源进口导向型的特点使得韩国发电厂大多集中于港口工业区。首尔是韩国的电力负荷中心，全国的电网均集中向首尔供电，使得韩国电网呈现出蛛网结构特征。

8.1.3 电力管理体制

8.1.3.1 电力改革

韩国电力改革从 2004 年至今几乎陷入停滞状态。韩国于 1999 年颁发《电力工业重组方案》，标志着正式启动电力市场改革。当时国有控股公司韩国电力公司控制全国 94% 的发电装机容量和全部电力输送、销售市场。按照当时的规划，电力市场改革分三个阶段逐步推行。

第一阶段是 1999 年至 2002 年，主要任务是打破韩国电力公司的垂直经营一体化，引入竞争机制。

第二阶段是 2003 年至 2008 年，推行批发竞争，剥离韩国电力公司的配电 / 零售业务，推行私有化，组建地区性配电公司。输电网对所有市场成员开放，在输配分开的基础上，采取双向报价电力库模式定价，引入大用户购电选择权，小用户和居民用户由地区性配电公司供电。

第三阶段是从 2009 年开始，将推行零售竞争，赋予每个用户自由选择供电商的权利。

可以说，韩国电力改革实施之初，进展比较顺利。之后，随着 2003 年北美大停电事故发生，以及其他国家电力市场化改革挫折不断涌现，促使韩国重新审视原先的市场化改革方案。加之当时韩国国内面临经济萧条和政局不稳，政府开始担心发电公司私有化不能带来预期的收益，而且考虑到输变电分离带来的市场风险，最终导致韩国政府在 2004 年宣布推迟发电公司私有化和原定开展的第二阶段改革计划，韩国电力市场化从此几乎陷入停滞状态。迄今为止，韩国没有出台进一步推进电力改革的举措。

8.1.3.2 职能分工

韩国主要的电力监管机构为产业通商资源部。此外，科技部负责核工业的审批、立法和监督。韩国天然气公司管理接收经田码头进口的天然气，并将天然气运到电力公司和私营的城镇天然气公司。韩国电力公司负责电力的生产、输送和分配。韩国电力研究所是韩国电力技术研究的主力。

8.1.4 电力调度机制

韩国电力交易所（Korea Power Exchange，KPX）是集电力运营机构、产学研研究机构于一身的组织。KPX 除了承担调度和电力交易职能外，还能反馈市场参与者多样的意见，参与制定基本的电力计划，举办听证会，最终修订完成的电力计划由政府同意执行。韩国政府以每两年为周期，制定实施电力规划。在没有其他专家组织的情况下，韩国政府将制定基本规划的任务委托 KPX 来完成。

8.2　主要电力机构

8.2.1　韩国电力公司

8.2.1.1　公司概况

1. 总体情况

韩国电力公司（Korea Electric Power Corporation，KEPCO）是韩国唯一的电力公司，也称为韩国电力公社，或韩国国有电力，总部位于全罗南道罗州市，是韩国最大的电力公司，财富世界 500 强企业中排名 271。韩国 93% 的电力都由韩国电力公司供应。1961 年 7 月，3 个地区电力公司合并，成立了韩国电力公司。1961 年 7 月 1 日，Korea 电力公司、Seoul 电力公司、South Korea 电力公司 3 个电力公司合并为 1 个公司，更名为韩国电力公司。该公司致力于各种开发电力资源的项目的建设。1982 年 1 月 1 日，该公司成为国有集团公司。1989 年，韩国为了将该企业发展成为一个良好的公共事业企业，公司 21% 的股本向社会出售，作为公司民营化的第一步。韩国电力公司是韩国唯一的从事发、输、配、售电业务的股份公司，服务区域不仅覆盖整个韩国，还在北京、香港、巴黎、纽约等地设立了海外办公机构。原本总部位于首尔市最繁华的江南区，因配合政府迁移公营机关的政策，韩国电力公司把总部迁移到了罗州。

韩国政府加上韩国政府所拥有的韩国产业银行，合计拥有韩国电力公司 51% 的股份。韩国电力公司是世界能源理事会、世界核能协会和世界核电运营者协会的成员。

2. 经营业绩

截至 2020 年年底，韩国电力公司销售总收入为 472.51 亿美元，其中销售给居民用户 67.42 亿美元，销售给公共设施服务 233.09 亿美元，销售给工业用户 172 亿美元。在韩国总共有 2419.8 万用户。

8.2.1.2　历史沿革

韩国电力公司成立于 1898 年 1 月 26 日，当时称 Seoul 电气公司。之后，朝鲜半岛电气事业开始在各地域设立小规模电力会社。

1961年，朴正熙政权下实行电力统合政策，Korea电力公司、Seoul电力公司、South Korea电力公司3个电力公司合并为韩国电力。

1978年，韩国最早的核能发电厂古里原子力发电所开始运行。

1982年，国有化命名韩国电力公司。

1989年，发行股票，在韩国证券交易所（现韩国交易所）上市。

1994年，韩国企业第一次在纽约证券交易所上市。同年10月，韩国放送公社电视授权委托征收开始。

1998年，作为亚洲金融危机后构造改革的一环，公司决定开始进入民营化的阶段。

2001年，电力自由化，发电部门6社（水力发电、核能发电子公司与其他5个火力发电子公司）进行分割。

2005年6月，韩国政府推动行政机关往地方转移政策，韩国电力公司表示总公司将会转移到光州广域市，转移预计于2012年实施。

2014年12月，总公司转移到全罗南道罗州市。

2015年，公司成功举办BIXPO国际发明展览会。

2016年，公司获得CIO 100大奖，跻身世界250强能源企业。

8.2.1.3 组织架构

韩国电力公司是国家垄断性经营的公用事业公司，公司社长由政府任命，社长直接领导的机构有五个本部，即规划和研究部、一般事务部、市场部、输电部以及海外事业发展部。其职能主要包括公司的企划管理、经营情报、电源计划、人事劳动、财务管理、材料燃料供应及技术质量等。韩国电力公司组织架构见图8-3。

图8-3　韩国电力公司组织架构

（1）规划和研究部。主要负责管理、信息、财务、合作计划等，韩国电力研究院（KEPRI）归属此部门。

（2）一般事务部。主要负责人力资源、教育等，包括韩国电力中心教育研究院（CEI）在内的6个机构。

（3）市场部。主要负责电力销售、需求侧管理、配电管理等业务，下设 190 个地区办公室。

（4）输电部。韩国 765kV 输变电工程的主要业务均由此部门全权负责，包括输变电管理、输变电建设管理、电力生产计划、通信系统和网络，下辖地区输变电部门（包含 11 个地区供电部门和 3 个建设单位）。

（5）海外事业发展部。主要负责海外工程管理、KEDO（朝鲜半岛能源开发组织）工程等，下设 7 个分部。

8.2.1.4 业务情况

韩国电力公司服务区域不仅覆盖整个韩国，还在北京、香港、巴黎、纽约等地设立了海外办公机构。业务范围包括发电业务和输配电业务。

1. 发电业务

截止到 2020 年年底，韩国电力公司（KEPCO）总装机容量为 129.191GW，其中火电装机容量占比最大，达到 62%，装机容量为 80.270GW；核电装机容量位于第二，达到 23.250GW；可再生能源装机容量为 19.056GW；水电装机容量为 6.506GW。

韩国国内能源资源贫乏，能源需求的绝大部分依赖进口，为减少能源对经济的制约，韩国的能源发展战略是大力发展核能，重视新能源投资，逐步提高新能源的投入，进一步促进能源生产结构多样化，降低石油在能源消费中的比重。

2. 输配电业务

截止到 2021 年年底，韩国电力公司总传输线达到 34790km，其中 765kV 的线路长达 1025km，345kV 的线路长达 9900km，154kV 线路长达 23515km，66kV 及以下的线路长达 119km，直流电 180kV 的传输线达 231km，地下传输线路长度达到 4470 km。总变电容量为 336926MVA，共有 877 座变电站。2016—2021 年韩国电力公司输电线路长度见表 8-1。

表 8-1　　　　2016—2021 年韩国电力公司输电线路长度　　　单位：km

线路分类	2016 年	2017 年	2018 年	2019 年	2020 年	2021 年
765kV	1016	1019	1019	1025	1025	1025
345kV	9674	9746	9744	9801	9813	9900
154kV	22587	22831	23032	23265	23485	23515
66kV 及以下	127	128	129	119	111	119
直流电 180kV	231	231	231	231	231	231
总计	33635	33955	34155	34441	34665	34790

资料来源：韩国电力公司官网。

8.2.1.5 国际业务

韩国电力公司通过变化与改革,发展多种经营,并积极推进国际合作。韩国电力公司拥有 30 多年积累的经验和技术,拥有很多专业子公司,具有很好的国际合作条件。1989 年 8 月,韩国电力公司股票在韩国股市上市,向社会公众出售了 21% 的股份,成为部分私有化公司。1994 年 10 月,韩国电力公司股票在纽约股市上市。1993 年海外事业推进组成立以来,与中国和菲律宾的电力部门签订了技术合作协议。韩国电力公司国际合作的重点项目之一是与中国核电方面的合作。1993 年 12 月与中国广东核电合营有限公司签订了核电维修技术服务协议,根据此协议,韩国技术人员到广东大亚湾核电站做了维修咨询工作。依靠其先进的技术和良好的信誉,公司曾担任中国广东核电站 1 组、2 组的技术顾问,并负责对中国金山核电站的员工进行培训。在中韩两国政府的积极支持下,韩国电力公司与中国政府及各电力单位的核电合作正在稳步发展之中。

在吉林省延吉市,以 BOT(建设—经营—转让)方式建设 200 MW 热电厂的项目建议书已经批准,正在进行进一步的讨论。1995 年 5 月,与菲律宾电力公司签订了 Malaya 火电厂(650MW)的长期合作管理契约,已经在当地设立了公司,正在经营发电事业。自 1995 年以来,韩国电力公司在亚洲、中东、中南美洲、北美洲、非洲和大洋洲的 28 个国家开展了 48 个海外项目,涵盖热能、核能、可再生能源发电厂的能源输配和资源开发。

截止到 2019 年 9 月,韩国电力公司在海外总装机容量达到 27636MW,其中火电装机容量为 20226MW,核电装机容量为 5600MW,可再生能源的装机容量达到 1810MW。海外销售额达到 43.1 亿美元,净利润为 3.95 亿美元。与 1995 年相比,装机容量增加了 18 倍,销售额增加 548 倍,工作人员达到 625 名。

韩国电力公司不仅从事热电和核电站的建设和运营,这是现有国际业务的主要收入来源,而且还积极应对长期的大趋势,正在转向新能源方向,努力建立一个"韩国电力公司全球能源带",通过确定新的能源融合业务模式并关注全球新能源业务市场,引领第四次工业革命,向全世界提供全面能源解决方案和服务。

8.2.1.6 科技创新

凭借开箱即用的思维和致力于推动融合,韩国电力公司正在创造新的价值，寻求通过发电 / 运输 / 消费和 ICT（信息通信技术）的融合来最大限度地提高能源效率。作为智能能源创造者，不断挑战自我，创造更清洁、更便利的能源。目前科技创新技术如下：

（1）洁净煤技术（超超临界一氧化碳 / 富氧燃料电厂），采用超超临界二氧化碳 / 氧气代替高温高压蒸汽发电。

（2）碳捕获、利用和储存技术，使用胺类或固体吸附剂捕获 / 冷凝燃料燃烧前后排放的二氧化碳。

（3）海上风力发电和高压直流输电。

（4）新的动力设备材料，可以感知裂缝并恢复的石墨烯材料，用于高效能量转换 / 存储系统，以及具有增强光学吸收的太阳能电池。

（5）超导技术，大容量、高效率和环保的超导输电线路 / 变电站，旨在克服电力行业未来变化之前现有电网的局限性。

（6）智能电网，通过将 ICT（信息通信技术）集成到现有电网中，建设最佳能效的下一代电网。

（7）信息通信技术，电力（发电、输配电、销售和消费）与信息通信技术（智能电表、大数据和信息安全）之间的融合，以建立新的业务增长点。

8.3 碳减排目标发展概况

8.3.1 碳减排目标

2021 年 8 月，韩国国会通过了《碳中和与绿色增长框架法》，使该国成为第 14 个承诺到 2050 年实现碳中和的国家。该法案要求政府到 2030 年将温室气体排放量在 2018 年的水平上减少 35% 或更多，即将温室气体排放量从 2018 年记录的 7.276 亿 t 至少减少到 4.72 亿 t，并且在 2050 年前实现零净排放。更详细的措施和目标原定在 2022 年初发布，但截至目前已经无限制延期。

8.3.2 碳减排政策

为支持国家实现碳减排目标，韩国制定并修订了一系列的法律文件。主要包括《碳中和及应对气候危机增长框架法案》《氢经济促进和氢安全管理法》《关于促进环保机动车开发和分销的第 18323/2021 号法案》《促进新能源和可再生能源的开发、使用和推广法》《电力公用事业法》等。

1.《碳中和及应对气候危机增长框架法案》

《碳中和及应对气候危机增长框架法案》是韩国碳减排的主要法律依据和支持。该法案规定，韩国社会应根据以下原则促进向碳中和社会的过渡和绿色增长：

（1）代际公平原则。

（2）考虑到外部环境和经济格局的综合危机应对战略。

（3）制定所有部门的基于科学预测的综合适应和缓解政策。

（4）气候正义和公正转型。

（5）通过重组税收制度和金融体系来确保"谁污染谁治理"原则。

（6）加强对具有高增长潜力和竞争力的绿色技术和绿色产业的投资和支持，并创造就业机会。

（7）确保民主参与。

（8）积极参与国际社会，将全球平均气温的上升限制在与工业化前相比最高高出 1.5℃的水平，不破坏发展中国家的环境和社会正义，并加强合作以支持应对措施。

该法案制定了国家碳中和绿色增长总体规划，建立了 2050 年碳中和绿色增长委员会和气候应对基金，以有效应对气候危机并确保必要的财政资源，从而促进向碳中和社会过渡和绿色增长。

该法案对国家规定了一系列适应义务（第 6 章），其中包括：有关改进气候危机监测、预测、气候相关信息的提供和利用的事项；按部门和地区评估气候危机的影响和脆弱性的事项；按部门和地区分列的气候危机适应措施事项；因气候危机而对弱势群体、地区等进行灾害预防的事项；关于适应气候危机的国际协定等的事项；总统令规定的适应气候危机所必需的其他事项。

2.《氢经济促进和氢安全管理法》

《氢经济促进和氢安全管理法》旨在通过建立促进氢经济实施的基础，促进氢产业的系统发展以及建立与氢安全管理相关的事项，为国民经济发展和确保公共安全做出贡献，并设立了由总理领导的氢经济委员会。

3.《关于促进环保机动车开发和分销的第 18323/2021 号法案》

该法案促进了电动汽车、太阳能汽车、混合动力汽车、氢动力汽车和其他符合环境标准的技术的开发和推广。它责成贸易、工业和能源部长制定总体计划和实施计划，以促进每五年一次环境友好型机动车辆的开发和分销。

4.《促进新能源和可再生能源的开发、使用和推广法》

该法案通过促进技术开发、新能源和可再生能源的使用和分配，以激活新能源产业和可再生能源产业，促进能源的多样化。该法案允许为可再生能源发电的最低份额和可再生能源证书的交易建立可再生能源组合标准；它还促进了能源的稳定供应、能源结构的环保转换以及减少温室气体排放。可再生能源形式主要包括太阳能、生物能源、风能、水能、燃料电池、氢能、海洋能、地热能和煤、核能或天然气以外的其他形式。该法案于 2020 年 3 月和 10 月进行了修订。修订后的条款还包括：规定安装新能源和可再生能源设施的地区的居民通过投资或向合作社捐款参与，并要求实施新能源和可再生能源分配项目的机构制定和实施设施后续管理的年度计划。

5.《电力公用事业法》

该法案规定了可再生能源发电的购买价格和固定价格。任何连接到电网的可再生能源电站都有资格以固定价格向电网出售电力。韩国电力公司负责从可再生能源电站中购买电力。政府补偿核能和可再生能源与化石燃料发电价格之间的差异。该法案要求知识经济部（MKE）每两年编制并公布一次长期电力供需基本计划（BPE）。BPE 规定了供需、长期展望、建设计划、需求侧管理等方面的电力政策方向。2008 年公布了第四次长期电力供需基本规划（2008—2022 年）。该法案于 2020 年 6 月修订，于 2020 年 10 月 1 日生效。这些修正案旨在简化小型太阳能项目的行政程序，考虑周边民众对大型可再生能源项目的意见，并改变所有权规则。

8.3.3 碳减排目标对电力系统的影响

到 2034 年，总计 24 家老化燃煤发电厂将全部退役，其他燃煤发电厂的运行也将受到限制，最终到 2050 年彻底淘汰燃煤发电。截止到 2022 年已经关闭了 24 家中的 7 家。

此外，政府还计划到 2030 年将氨的占比提升至 3.6%，即达到 22.1TWh，而目前这一数字为零。韩国到 2050 年将提供 2790 万 t/ 年

"清洁氢"，即"绿氢"或"蓝氢"，其中包括从海外进口 2290 万 t/ 年"绿氢"。

到 2030 年，可再生和无碳能源在该国发电结构中的占比将从 2020 年的 6.6% 上升至 33.8%，而到 2050 年，这一比例将进一步大幅升至 93.6%。到 2050 年，核电的占比将达到 6.1%，因此韩国 99.7% 的发电量将实现无碳化。

该国到 2030 年还将确保 9 亿 t/ 年的碳封存空间，从而保证到 2050 年实现零碳排放。

2050 年韩国可再生能源年发电量应超过 1 万亿 kWh（风光发电、燃料电池发电、氢 / 氨发电分别约 7700 亿 kWh、1210 亿 kWh、1320 亿 ~ 1500 亿 kWh），占总发电量（1.2 万亿 ~1.247 万亿 kWh）80% 以上。

但目前来看，韩国离这一目标还非常遥远。同时，如此高比例的可再生能源电力接入将大幅削弱电力系统稳定性，或将导致停电事件频发。韩国气候变化草案提出，今后 30 年内韩国要全面关停煤电、气电厂，并大力开发可再生能源；此举将消耗巨额投资，导致总体供能成本上涨、终端电价攀升。此外若要实现碳中和，韩国必须快速推进产业结构转型，各企业也将大幅减少碳排放，或将造成工作岗位减少、国际竞争力下降等后果。

8.3.4　碳减排相关项目推进落地情况

虽然韩国设置了相关碳减排目标，但是目前依旧是落在总体计划的层面上，缺乏贯穿整体的全面减排计划。国内新建 7 家燃煤电厂的计划依旧在继续进行。

8.4　储能技术发展概况

8.4.1　储能技术发展现状

韩国政府在储能系统相关技术开发方面的政策转变得益于 2008 年 8 月推出的绿色增长战略，该战略优先考虑低碳能源的可持续性增长。在该战略中，绿色增长被具体定义为"在能源和环境相关技术和产业中开发未来有前景的产品和新技术，并在与现有产业融合的同时获得新的增长引擎和就业机会"。2014 年推出的能源新业务倡议则进一步阐述了绿色增长。绿色增长战略下的绿色技术发展路线图包括储能系统的发展，并有具体的量化目标。到目前为止，这些目标已经实现。

2011 年，韩国商业、工业和能源部（MOCIE）将储能系统相关技术开发作为优先项目，并纳入了详细的储能系统开发计划，该计划后被称为"2020 年韩国储能技术开发和产业化战略（K-ESS 2020）"，并作为第三个国家能源发展规划的组成部分。韩国政府将锂电池开发作为本次计划的核心。根据这一战略，韩国政府设定了到 2020 年在韩国部署 1.7GW 电化学储能系统（ESS）并达到全球市场份额 30% 的目标。它还计划将电池价格降低到 180 美元 /kWh，并延长电池寿命到 20 年，从而实现到 2020 年将试点规模增加到数百兆瓦。

为促进储能系统技术的发展，韩国政府致力于与各大有志于深耕储能领域的公司合作，近年来先后计划并执行了各种储能系统的试点项目。例如：韩国在韩国电力公司的变电站率先实施了输电连接试点，从 154kV 变电站的 8MWh 试验台开始，扩展到 345kV 或更大变电站的数十兆瓦时试点；韩国政府在风电场等可再生能源场所开展发电联动试点；韩国政府在与可再生能源补贴计划相关的房屋和建筑物中实施消费者关联试点，例如"100 万绿色家园"项目，根据该项目的安排，韩国政府将首先在南部城市大邱市的 100 所房屋中安装 10kWh 锂电池储能系统。

储能系统的相关技术于 2017 年作为独立会计实体进入政府的能源技术研发池。2017 年韩国政府为该项目分配的预算为 437.02 亿韩元（约合 3640 万美元），2018 年为 45879 万韩元（约合 3820 万美元），2019 年为 36585 万韩元（约合 3050 万美元）。最近，韩国政府更是在中大型、高密度二次电池的开发方面总共投资了约 1200 亿韩元（约 1 亿美元）。这些研发投入促进了技术创新，支持了市场的扩大。

8.4.2　主要储能模式

韩国政府提供了全面的一揽子政策来扩大国内对储能系统的需求。首先，家庭消费者有安装补贴等强大的激励措施，将储能系统与可再生能源设备一起安装在消费者的家中，从而有助于减少高峰负荷和稳定电网。其二，韩国政府大力推行面向包括工商业储能系统用户在内的特惠电价套餐，用户在 23:00—09:00 轻载时段使用储能系统可以享受充电电价 50% 的优惠。此外，这些客户已从 2016 年开始获得储能的基本电价削减，用于将电力送回电网进行调峰。自 2017 年以来，降低的电价是削峰负荷的 3 倍。通过这种特殊的电价方案，消费者可以将投资回收期从 10 年缩短到 4.6 年。第三，自 2017 年起，韩国政府规定，凡拥有超过 1000kW 电力合同的公共实体必须在其建筑物中安装储能系统。第四，韩国政府规定了连接光伏发电系统或风电系统的储能系统的，将有权获得特殊的可再生能源证书（REC）权重。目前，采用与光伏发电相连接的储能系统将获得 5.0 的权重，而采用与风力发电相连接的储能系统将获得 4.5 的权重。考虑到正常的可再生能源证书权重仅为 1.0，因此韩国政府的这一做法无疑是对储能系统投资者的一项重要激励。第五，根据韩国政府的规定，储能系统已经成为 2016 年修订的《应急储能应用指南》下的合法应急电源系统之一。

8.4.3　主要储能项目情况

韩国的储能产业（尤其是电池储能产业）在过去几年经历了显著的增长，两家韩国公司占据了整个锂电池储能系统市场的 80% 以上。2018 年韩国锂电池储能系统市场规模占到了当年全球锂电池储能系统市场的 50% 左右。韩国锂电池储能系统产业的扩张得益于政府的支持。政府通过一系列长期发展计划以及一系列研发和投资项目，加速了储能系统的产业化和商业化。值得注意的是，早在 2009 年，韩国政府就已将政府政策转向所谓的绿色增长，这是韩国政府可持续发展政策的转折点，从而促使韩国的绿色研发支出激增。2011 年，一项名为 K-ESS 的储能系统特定国家战略将锂电池储能系统置于战略的核心，以最大限度地提高韩国电池生产商的竞争优势。基于该战略，韩国政府陆续实施了一系列强有力的激励措施和法规，例如推行将可再生能源证书（REC）权重提高到 5.0 的、连接可再生能源的储能系统；明确储能系统特定电价以及在公共建筑中强制安装储能系统等，这些都促进了韩国储能系统市场的惊人增长。韩国电力公司通过其公用事业规模频率调节储能系统示范项目帮助创新系统实现了进一步的增长。此外，基于十多年积累的锂离子电池经验和技术，韩国储能行业的各大私营公司也将储能系统设定为下一代的出口目标产品。他们积极从事研发项目以及针对早期商业化的国内外示范项目。

8.5 电力市场概况

8.5.1 电力市场运营模式

8.5.1.1 市场构成

电力是实时生产和实时消费的特殊商品，无法经济地储存，因此必须确保适当水平的备用设施以获得稳定的电力供应。由于韩国严重依赖能源进口（约 97%），如何能够稳定地获取能源，就成为维持电力市场稳定的重要因素。另外，电力生产基本集中在南方省份，消费却集中在大都市区，电力的长途运输至关重要，在这种情况下，难以利用市场机制来控制需求，需要大量投资建设电力设施，以确保供应能力。

目前，韩国电力工业中有 6 家发电公司，独立电力生产商和社区能源系统可以生产电力，而韩国电力公司通过输配电网运输从韩国电力交易所购买的电力，并销售给一般客户。

8.5.1.2 结算模式

电力交易市场的价格机制，是韩国参考英国早期以成本为基础的电力库（POOL）制度制定的。由韩国电力交易所根据发电机组提供的可供发电容量及发电成本查核值，决定优先调度哪些发电机组发电，并据以决定系统边际价格，目的在于精确掌控既有发电机组的发电成本，整个过程受韩国工商能源部监管。

8.5.2 电力市场监管模式

韩国电力监管的对象包括整个韩国电力市场主体和相关电力企业，以及相关的电力用户等。

韩国电气委员会隶属于产业通商资源部的二级机构，其主要监管的内容有：委员会和专业委员会的运作；对委员会工作的初步审查；电力事业的许可审查，电力事业的转让以及法人的分割、合并的认定；对于有关违反禁止电力市场、电力用户和电力系统运行规则的行为进行调查和处罚的事项；关于与电力市场、电力用户和电力系统运营相关的金融市场的事实调查和监管的实施。

8.5.3 电力市场价格机制

韩国的电价是由韩国电力公司提出申请，由电价委员会进行审议，经过韩国工商能源部与财政经济部协商之后确定的，由基本电价和从量电价两部分组成。在此基础上，按照不同用途和不同电压等级分为居民用电和工业用电。

低压居民用电电价是指协议用电容量为 3kW 及以下的用户，具体电价见表 8-2。

表 8-2　　　　　　　　　低压居民用电电价

需求费 /（韩元 / 家庭）		能源费 /（韩元 /kWh）	
100kWh 及以下	390	100kWh 及以下	57.3
101~200kWh	860	101~200kWh	118.4
201~300kWh	1490	201~300kWh	175.0
301~400kWh	3560	301~400kWh	258.7
401~500kWh	6670	401~500kWh	381.5
501kWh 及以上	12230	501kWh 及以上	670.6

注　1 韩元 =0.08 美分。

高压居民用电电价是指协议用电容量在 3kW 以上的用户。对于月用电量超过 1350kWh 的大型住宅供应的居民客户，将另外缴纳 101~200kWh 用户应缴的能源费。但是用电量超过 1350kWh 的第二个月起，月用电量在一年内不超过该上限，将不会征收额外收费，具体电价见表 8-3。

表 8-3　　　　　　　　　高压居民用电电价

需求费 /（韩元 / 家庭）		能源费 /（韩元 /kWh）	
100kWh 及以下	390	100kWh 及以上	54.5
101~200kWh	690	101~200kWh	93.0
201~300kWh	1190	201~300kWh	137.8
301~400kWh	2950	301~400kWh	200.2
401~500kWh	5580	401~500kWh	300.4
501kWh 及以上	10170	501kWh 及以上	543.1

注　1 韩元 =0.08 美分。

对于从事矿业、制造业以及其他工业用途的客户，有以下电价分类。

协议用电容量在 4kW 以上且不足 300kW 的工业电价见表 8-4。

协议用电容量为 300kW 以上的工业电价见表 8-5。

表 8-4   协议用电容量在 4kW 以上且不足 300kW 的工业电价

分　类		需求费/（韩元/kWh）	能源费/（韩元/kWh）		
			夏季（7—8月）	春、秋季（3—6月、9—10月）	冬季（11月至次年2月）
低压电源		4900	71.4	53.8	69.1
高压电源 A	选择 I	5530	75.3	57.0	74.7
	选择 II	6370	71.4	53.0	69.7
高压电源 B	选择 I	5120	74.4	56.0	73.5
	选择 II	5890	70.4	52.0	68.4

表 8-5   协议用电容量为 300kW 以上的工业电价

分类		需求费/（韩元/kWh）	时间	能源费/（韩元/kWh）		
				夏季（7—8月）	春、秋季（3—6月、9—10月）	冬季（11月至次年2月）
高压电源 A	选择 I	6880	非高峰负荷	52.3	52.3	57.7
			中等负荷	98.4	72.5	96.8
			高峰负荷	167.9	98.3	144.4
	选择 II	7930	非高峰负荷	47.0	47.0	52.4
			中等负荷	93.1	67.2	91.5
			高峰负荷	162.6	93.0	139.1
高压电源 B	选择 I	6330	非高峰负荷	50.8	50.8	56.1
			中等负荷	96.2	70.8	94.6
			高峰负荷	164.8	96.1	141.0
	选择 II	7040	非高峰负荷	47.2	47.2	52.5
			中等负荷	92.6	67.2	91.0
			高峰负荷	161.2	92.5	137.4
	选择 III	7810	非高峰负荷	45.7	45.7	51.0
			中等负荷	91.1	65.7	89.5
			高峰负荷	159.7	91.0	135.9
高压电源 C	选择 I	6290	非高峰负荷	50.6	50.6	55.7
			中等负荷	96.4	70.9	94.4
			高峰负荷	164.5	96.3	141.1
	选择 II	7180	非高峰负荷	46.1	46.1	51.2
			中等负荷	91.9	66.4	89.9
			高峰负荷	160.0	91.8	136.6
	选择 III	7710	非高峰负荷	45.0	45.0	50.1
			中等负荷	90.8	65.3	88.8
			高峰负荷	158.9	90.7	135.5

工业电力时间段见表 8-6。

表 8-6　　　　　　　工 业 电 力 时 间 段

分　类	春、夏、秋季	冬　季
非高峰负荷	23：00—09：00	23：00—09：00
中峰值负荷	09：00—11：00 12：00—13：00 17：00—23：00	09：00—10：00 12：00—17：00 20：00—22：00
峰值负荷	11：00—12：00 13：00—17：00	10：00—12：00 17：00—20：00 22：00—23：00

工业用户电压分类见表 8-7。

表 8-7　　　　　　　工 业 用 户 电 压 分 类

分　类	电 压 范 围
低压电源	110~380V
高压电源 A	3.3~66kV
高压电源 B	154kV
高压电源 C	345kV 及以上

8.6　综合能源服务概况

8.6.1　综合能源服务发展现状

　　韩国的综合能源系统发展和其电力行业发展密不可分。从电力供应的角度上来看，韩国一直都属于电力供应的孤岛。因此韩国从电力改革之初就更加关注能源安全相关的问题。而这一特点也呈现在了韩国的综合能源发展的历史中。

　　韩国的能源改革总体较为保守。可再生能源占比较低，截止到 2021 年，韩国可再生能源的发电占比仅占全国的 7.5%，而根据韩国 2019 年发布的《第三次能源总体规划》，其到 2040 年的可再生能源发电占比目标为 40%。虽然这对于韩国国内来说算是一个较为激进的目标，但是在全球范围内，这一目标依旧显得较为保守。而韩国的部分财团、学术界及媒体对可再生能源转型的反对态度也使得韩国公众对可再生能源的接受程度较低。

8.6.1.1　市场机制

　　围绕以建设智能电网为核心的发展思路，韩国政府也为综合能源系统建立了一系列的市场机制。韩国提出了智能电网路线图，希望通过智能电网的发展由下至上地推动综合能源系统的发展。韩国早在2009年就提出了建设"七大智能电网枢纽都市圈计划"，但至今仅在首尔都市圈有部分实施。但在此基础上，韩国政府逐步进行修改，并形成了如今的市场机制，即侧重于基于AMI数据的市场驱动生态系统，为消费者提供智能新服务。在韩国政府的规划下，由韩国产业通商资源部牵头各社会企业及民间团体在全国开展了六项综合能源开发计划，预计将在2030年前完成全部开发工作，并创造总共10000个新就业岗位，带动总社会投资4.6万亿韩元（约合人民币240亿元）。这六项开发计划主要包括：①需求响应市场建设；②综合能源管理系统建设；③独立微电网开发；④光伏租赁市场建设；⑤电动汽车基础设施建设；⑥废热回收发电系统建设。

8.6.1.2　综合能源服务特点

韩国的综合能源系统发展策略主要以电网侧带动发电侧为主，特别是对智能电网的扩展上，通过对电网实行智能化改造以及部署储能设施，结合少量可再生能源部署来逐步改善发电侧的能源利用效率。除了能够将可再生能源整合到电网之外，智能电网还有望增加产消者的数量，为能源服务创造新市场，并提高系统抵御中断的能力。

韩国的电力系统和邻国日本极为类似。因此韩国的综合能源系统架构基本上借鉴自邻国日本。韩国学习日本以需求响应电力市场为主要发展方向，并通过智能电表和虚拟电站实现综合能源管理目标。

8.6.2　综合能源服务企业

8.6.2.1　韩国电力公司

韩国电力公司是韩国唯一垂直整合的综合电力公用事业公司，对韩国具有较高的战略重要性。1982年1月，韩国电力公司依据韩国《电力公司法》（"KEPCO"法案）注册成立，在韩国贸易部、工业能源部等部门的全面监督下，从事在韩的发电、输配电及开发电力资源等业务。韩国电力公司于1989年8月在韩国证券交易所上市，后于1994年10月通过其存托凭证在纽约证券交易所上市。为促进发电产业竞争、提高效率，韩国政府曾于1999年宣布了一项针对韩国电力工业的重组计划，后于2001年4月剥离了发电部门，成立了6家发电子公司（一家核电子公司和 5 家非核发电子公司），这 6 家公司均由韩国电力公司全资持有。通过对 6 家发电全资子公司的控制，韩国电力公司实质上在韩国电力生产上占据主导地位，2020 年上半年韩国电力公司生产的电力约占韩国总用电量的 72%；同时，韩国电力公司也致力于对整个韩国的电力进行传输和分配，在输配电领域处于垄断地位。

韩国政府对韩国电力公司的业务运营具有重大控制权。根据"KEPCO"法案，政府必须直接或间接持有韩国电力公司至少 51% 的股权。截至 2019 年年底，韩国政府直接和通过韩国开发银行间接持有韩国电力公司 51% 的普通股股权。韩国政府对韩国电力公司的控制力较强，主要表现在对该公司总裁、董事的任命，及对预算和财务状况的密切监测等方面。另外，在分割子公司后，母公司主要负责监督整体财务状况、完善公司治理等，而子公司则承担了发电机组建设、管理及燃料采购方面的运营责任。

除发电、输配电业务以外，韩国电力公司的业务还涉及工厂维护和工程服务、信息服务和核燃料销售、通信线路租赁以及海外业务等。海外业务方面，截至 2020 年 6 月，韩国电力公司在 25 个国家共计拥有 46 个项目，包括 24 个电力生产项目、1 个勘探和生产项目及 21 个电力运输和分配项目。24 个电力生产项目中，包括了 1 项在阿联酋的核电机组设计和建设项目，多个分布在菲律宾、中国、沙特阿拉伯、墨西哥等地的化石燃料发电项目（燃油、燃气）和分布在中国、约旦、日本、北美的可再生能源发电项目（太阳能光伏、风电），采取的方式有直接入股、兼并与并购以及取得特许经营权；而为保障更可靠的发电燃料供应，以对冲燃油价格波动，韩国电力公司还在澳大利亚新南威尔士州设立了勘探和生产项目。

韩国电力公司通过济州岛的微电网工程来为其未来的综合能源管理愿景进行实验。通过最新的信息通信技术实现电网的智能化和尖端化，提供高品质的电力服务，最大限度提高电网的能源利用效率。为了积极应对地球变暖、扩大可再生能源的利用、提升电气能源效率，韩国电力公司注重智能电网业务。韩国电力公司参与了在济州岛建设智能电网的示范工程项目，截至 2011 年年底研发了智能电表、智能输配电仪器、数字变电系统，开展了实时定价制推广、电动汽车充电站建设、可再生能源质量改善以及电网整合运营等示范项目。韩国电力公司的智能电网项目重点关注降低峰谷波动和实现负载均衡、降低输配电损耗、扩大可再生能源的利用以及减少停电时间等 4 大方面。并且，韩国电力公司正在集中输配电领域中世界顶级技术力量，将智能电网的要素技术和商业模式相结合，开发出为特定国家量身定制的整套商品。济州岛综合能源管理项目的主要领域详见表 8-8。

表 8-8 济州岛综合能源管理项目的主要领域

领 域	描 述
智能电网	实现双向电力传输，发生故障时可自动恢复，与各种智能家电产品进行连接、控制电力要素
智能试点	在示范地区，智能电表可提供实时电价信息，使用户在电价低时用电
智能可再生能源	将风电、光伏发电等电站安全可靠地与电网连接，并将电能传输到其他地区
智能运输	设立公司电气充电站和电池交换站，并在家庭内建设充电设备，以方便电动汽车电池充电
智能服务	开发并运营能源信息、需求管理、实时电价制等国内标准型新电力服务，建立整合运营中心，实时监控示范地区运营状态，获取能源信息，实时提供有关信息

8.6.3　综合能源服务项目 / 案例

智能电网建设是韩国实现综合能源管理的重要一环。因此韩国国内的综合能源管理工程都以智能电网相关建设为主。

1. 微电网示范工程

韩国政府在 2015 年发布的《2030 新能源扩张战略》中就明确提到要在全国推广微电网建设，以应对温室气体减排和日益增长的能源需求。截止到 2021 年，韩国共在全国 10 所大学、100 余个工业园区以及 10 余座岛屿上建设了微电网。目前韩国全国共有 15 个微电网示范项目，总投资额高达 1.7 万亿韩元（折合人民币约 90 亿元）。

2. 首尔大学基于物联网的微电网工程

通过将基于物联网的蜂窝平台与校园建筑模型相结合，开发了定制的电力监控解决方案。这个示范项目可以收集和分析建筑物的电力消耗、温度、湿度和通风等各种数据流。除了现有电网提供的电力外，在能源价格高企时还使用分布式电源。从 2019 年开始，部分建筑物在外部电源被切断的情况下，能够独立运行 4h。该项目还有望减少 20% 的电费。

3. 济州岛智能电网社区

韩国济州岛的用电两极分化较为严重，沿海的旅游区域酒店、商场林立，耗电量较大，而内陆的绝大部分区域都属于农村区域，居住的人口多以老年人为主，能耗较低。因此为了平衡岛内的用电负荷，韩国政府在济州岛的居民区内建设了大量的分布式发电系统，并通过微电网将其连接起来，与旅游区的主电网分离运行，同时建设虚拟电站，通过需求侧响应的方式在居民区开展电力市场运营。这一方面提升了能源利用效率，另一方面帮助居民减少了电费支出。

除智能电网外，韩国也开展了其他的综合能源系统相关的工作，主要包括智能电表的推进、国产电力控制系统的开发、储能配套设施的推广、虚拟电站的建设等。

第 9 章

卡塔尔

9.1 能源资源与电力工业

9.1.1 一次能源资源概况

卡塔尔天然气储量居全球第三位，仅次于俄罗斯和伊朗。卡塔尔天然气主要集中在北部气田，该气田是全球最大的单一气田，其面积相当于卡塔尔国土面积一半，已探明储量超过 90025.49 万亿 m^3，约占全球份额的 20%。卡塔尔原油储量居全球第十四位，探明储量约 252 亿桶，约占全球份额的 1.5%。美国地质勘探局数据显示，卡塔尔氦储量为 101 亿 m^3，居全球第二，占全球储量的 19.4%。根据 2022 年《BP 世界能源统计年鉴》，卡塔尔 2021 年一次能源消费量达到了 4612.7 万 t油当量，其中石油达到 1171.1 万 t 油当量，天然气达到 3441.6 万 t 油当量。

9.1.2 电力工业概况

9.1.2.1 发电装机容量

由于油气资源非常丰富且低廉，卡塔尔国内的发电装机容量极为单一。全国可再生能源装机容量仅为 24MW，其多年并未有显著的提升。同时，石油、天然气的装机容量也多年并未有显著提升。近年来卡塔尔国内发电装机容量的建设仍处于停滞的状态。沙特 2018—2022 年各类型发电电源装机容量见图 9-1。

9.1.2.2 发电量及构成

发电来源和装机容量基本保持一致，石油、天然气贡献了该国 99.9%以上的发电量。卡塔尔历年发电量见图 9-2。

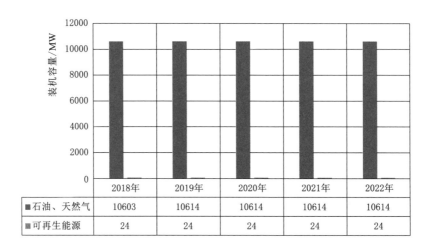

图 9-1　卡塔尔 2018—2022 年各类型发电电源装机容量

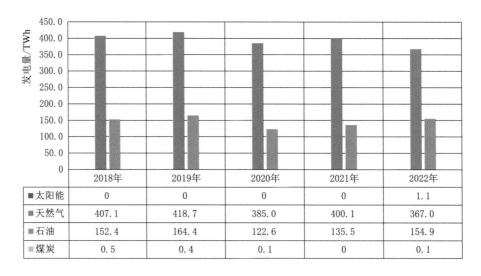

图 9-2　卡塔尔历年发电量

　　虽然近几年卡塔尔在战略上提出了诸多建设可再生能源的计划，但受制于卡塔尔退出石油输出国组织（OPEC）后政治环境的动荡和全球石油价格大幅波动的影响，卡塔尔的可再生能源计划多次受阻，导致可再生能源建设的停滞。因此近几年卡塔尔可再生能源的发电量基本上可以忽略不计。

9.1.2.3　电网结构

　　卡塔尔全国输电网共分为西部、中部、东部及南部四大区域，电压等级为 380kV、230kV、132kV、115kV 以及 110kV 五个等级。截至 2018 年，沙特全国输电线路长度约 76323km，其中 380kV 等级线路长度 34114km，230kV 等级线路长度 4388km，132kV 等级线路长度 24752km，115kV 等级线路长度 5102km，110kV 等级线路长度 7967km。卡塔尔各电压等级输电线路长度见图 9-3。

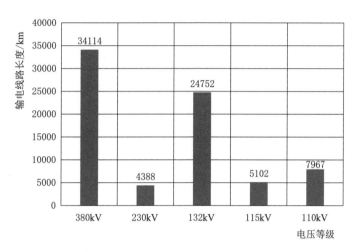

图 9-3　卡塔尔各电压等级输电线路长度

9.1.3　电力管理体制

9.1.3.1　机构设置

卡塔尔的政治体制较为特殊，属于王国体制，卡塔尔能源部（Ministry of Energy）是卡塔尔最高的能源管理机构，其第一负责人为卡塔尔能源事务国务部长。

9.1.3.2　职能分工

卡塔尔能源公司是卡塔尔国内最高的能源管理机构，也是卡塔尔国内唯一的电力及能源机构。卡塔尔能源公司集政策制定、能源运营、能源进出口、能源调度于一体，卡塔尔能源部事务国务部长同时兼任卡塔尔能源公司首席执行官。

9.1.4　电力调度机制

卡塔尔由于国土面积较小，其发电、输电、配电基本上都由卡塔尔水电公司（Qatar Electricity & Water Co.）负责。卡塔尔水电公司成立于 2000 年 1 月，旨在规范和维护卡塔尔人口的电力和水供应。自成立以来，卡塔尔水电公司一直作为一家独立的商业公司运营，是卡塔尔电力和水力部门唯一的输配电系统所有者和运营商。

9.2 主要电力机构

9.2.1 卡塔尔水电公司

9.2.1.1 公司概况

1. 总体情况

卡塔尔水电公司成立于 2000 年 1 月，旨在规范和维护卡塔尔人口的电力和水供应。自成立以来，卡塔尔水电公司一直作为一家独立的商业公司运营，是卡塔尔电力和水力部门唯一的输配电系统所有者和运营商。

2. 经营业绩

卡塔尔水电公司 2018—2022 年营收及毛利润见图 9-4。公司近年来经营良好，毛利润及营收快速上升，2022 年实现约 27 亿里亚尔（约合人民币 54 亿元）的营收，毛利润约 17 亿里亚尔（约合人民币 34 亿元）。

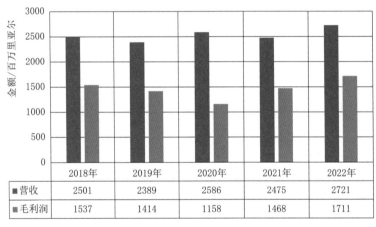

图 9-4　卡塔尔水电公司 2018—2022 年营收及毛利润

9.2.1.2 历史沿革

卡塔尔水电公司成立于 2000 年 1 月，建立之初负责管理卡塔尔国内的发电厂及海水淡化设施。

2014 年卡塔尔水电公司开始建设卡塔尔第一座光伏电站，该电站总装机容量约 15 MW，并于 2016 年开始运营，这也是卡塔尔境内在运营的规模最大的集中式光伏电站。

9.2.1.3 组织架构

卡塔尔水电公司组织架构极为简单，共分为电力部门、水务部门及投资部门 3 大部门。组织架构见图 9-5。

图 9-5 卡塔尔水电公司组织架构

（1）电力部门负责卡塔尔全国发电厂的统筹运营及维护工作，同时负责卡塔尔国内全部的输配电业务。

（2）水务部门负责卡塔尔国内所有的海水淡化设施的运营维护工作。

（3）投资部门负责开展国内、国外的相关投资工作。

9.2.1.4 业务情况

1. 发电业务

卡塔尔水电公司在 2000 年的发电量为 1442010GWh。这一数字在 2018 年增加到 7302011GWh，在 2020 年增加到 7882012GWh，在 2021 年受到疫情冲击下降到 6882013GWh。2022 年又出现了一次大规模扩张，相比 2021 年的发电量提高了 38963GWh。自成立以来，卡塔尔水电公司每年的发电量增速高达 10%。

此外，卡塔尔水电公司负责管理卡塔尔国内所有的发电设施，近年来其总装机容量已高达 9800 MW。

2. 输电业务

由于卡塔尔国土面积较小，卡塔尔水电公司已经近 10 年未新建任何输电网络。目前卡塔尔水电公司的输电网络由约 247 个初级高压变电站组成，该网络与 10500 个低压和中压变电站（11kV）耦合。卡塔尔电力输电线路包括 4000km 的架空线路和 8500km 的地下电缆。

9.3 碳减排目标发展概况

9.3.1 碳减排目标

卡塔尔的清洁能源发展战略还处于较为初级的阶段，其制定了相关的国家愿景，并计划在 2024 年实现 20% 的可再生能源发电量。同时提出了相关的缓冲期，并力求在缓冲周期内实现以下目标：

（1）卡塔尔石油公司实现零天然气燃烧的目标。

（2）卡塔尔与其他主要天然气使用国建立起"全球减少天然气燃烧伙伴关系"。

（3）建立管理气候变化问题的正式机构（例如国家气候变化委员会，
负责制定气候政策）。

（4）发展公共交通系统，包括对电动出租车和压缩天然气公共汽车，
以及大规模交通网络的规划。

（5）发起一个"可再生能源环境政策"国家小组，专职负责国家可
再生能源环节政策的制定和研究。

9.3.2　碳减排政策

据了解，针对碳减排目标的官方配套政策明显不足。例如，卡塔尔
法律结构复杂，融资协议通常遵照英国法律，但由于伊斯兰金融的要求，
卡塔尔很难在当前的框架下使用国际通用的融资协议。卡塔尔有两个独
立的法律管辖区，卡塔尔国和卡塔尔金融中心（QFC）。QFC 拥有自己
的法律来管理与根据 QFC 法律缔结的合同有关的商业纠纷，但是根据
QFC 法律缔结国际合同的情况并不常见。

9.3.3　碳减排目标对电力系统的影响

借助世界杯的"东风"，卡塔尔投入了高达 2290 亿美元来实现零碳
世界杯，以在国内普及碳中和的概念，推动低碳经济的发展。

但由于卡塔尔国土面积较小，油气资源丰富，其采用化石能源发电
的成本要远低于可再生能源的建设成本，因此多年以来其可再生能源的
建设始终不尽如人意。目前卡塔尔 99.9% 以上的发电能源依旧是化石
能源。

9.4　电力市场概况

9.4.1　电力市场运营模式

9.4.1.1　市场构成

卡塔尔的电力市场由唯一的国有电力供应商卡塔尔通用电力和水务
公司（Kahramaa）以及作为独立水电项目的发电行业的许多参与者组成。
其中，国有能源公司卡塔尔石油（QP）是独立水电项目的唯一天然气供
应商。这些 IWPP 在卡塔尔境内的唯一客户是卡塔尔通用电力和水务公司，
该公司拥有并维护所有淡化水和电力的传输和分配系统。另外，卡塔尔

水电公司（QEWC）是一家公众持股公司。它成立于 1990 年，是卡塔尔通用电力和水务公司的主要供应商，拥有 62% 的发电市场份额和 79% 的海水淡化市场份额。政府及其附属机构拥有 QEWC 约 60% 的股本，其余部分由私营公司和个人共享。

9.4.2　电力市场监管模式

卡塔尔的法律和监管框架如下：

（1）2014 年第 35 号埃米尔决定;《卡塔尔通用电力和水务公司法案》。

（2）关于电力和供水工程的 2018 年第 4 号法，其中规定了建筑物、实体和设施的电力传输过程；和规定了卡塔尔通用电力和水务公司的权力和职能以及客户的义务，以及对违约的制裁。

（3）1963 年关于确定、组织和征收水电费的第 7 号法，其中规定：各个部门的电价，例如政府实体、酒店、重工业和轻工业等；和测量电力和水消耗的机制。对应的监管部门有两个，分别是卡塔尔通用电力和水务公司和能源部。

9.4.3　电力市场价格机制

电价方面，卡塔尔居民电价为 0.033 美元 /kWh，企业电价为 0.036 美元 /kWh，其中包括电价的所有组成部分，例如电力、配电和电价成本。相比之下，全球平均电价为居民电价 0.136 美元 /kWh，企业电价 0.124 美元 /kWh。卡塔尔的电价水平显著高于全球平均水平。

第 10 章

▪ 老 挝

10.1 能源资源与电力工业

10.1.1 一次能源资源概况

老挝是世界上最不发达和封闭的国家之一，其矿藏资源尚未进行全面的勘察和测算。截至 2018 年，老挝国内尚未发现相关石油或天然气能源储量。煤炭探明储量约 2.26 亿 t。

10.1.2 电力工业概况

10.1.2.1 发电装机容量

老挝发电厂装机中绝大部分为水电，装机容量为 7112MW，占全国装机容量的 70%，大型火电厂只有装机容量为 3049MW 的红沙燃煤电厂，占全国装机容量的 30%。老挝 2021 年装机容量见图 10-1。

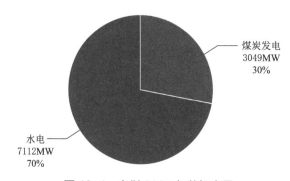

图 10-1 老挝 2021 年装机容量

另外，由于老挝国内用电需求不大，同时发电成本较低，因此老挝奉行"东南亚蓄电池"战略，旨在利用低发电成本大力发展电力出口。目前老挝电站分为直接连入本国电网为本国提供电力需求的直送装机，以及连入外国电网的外送装机。

截至 2020 年，全国 10161MW 装机容量中，有 7006MW 为外送装机，不接入本国电网。而供本国使用的装机容量仅为 3155MW。老挝历年电源装机容量见图 10-2。

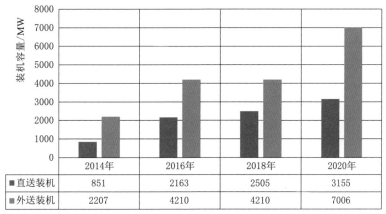

图 10-2　老挝历年电源装机容量

10.1.2.2　电力消费情况

老挝国内电力需求极少，国内电力消费仅占全国电力生产总量的 17%，共 6279GWh，剩下 83% 均为出口电力。根据老挝能源矿产部《需求预测报告（2016—2030）》，老挝 2020 年、2025 年、2030 年的发电需求量分别为 6423GWh、9614GWh、14725GWh，与之匹配的用电负荷分别为 1430MW、2025MW、2921MW。考虑到 2017 年发电量为 6279GWh，最高用电负荷为 946MW，且在建项目装机容量为 5409MW，电力供给已经过剩。老挝电力消费统计见图 10-3。

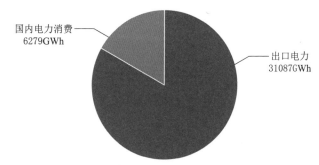

图 10-3　老挝电力消费统计

10.1.2.3　发电量及构成

老挝近年来的发电量增长速度极快。据统计，2020 年老挝全年发电量为 29974GWh。据了解，老挝电力公司力争至 2024 年实现全国供电覆盖率达到 95%。目前全国覆盖率为 90%，首都万象覆盖率为 100%。老挝近年发电量见图 10-4。

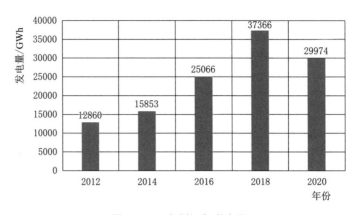

图 10-4　老挝近年发电量

10.1.2.4　电网结构

老挝全国电网系统分为北部、中部1区、中部2区、南部电网四个分区，包括高压（500kV、230kV、115kV）、中压（22~35kV）和低压（0.4~12.7kV）三种类型。输电线路以115kV线路为主，500kV输变电线路总长仅100km，主要供老泰跨境电网使用，230kV线路总长1371km，115kV线路总长5257km，35kV及以下线路总长45164km。老挝电网输电线路长度见图10-5。

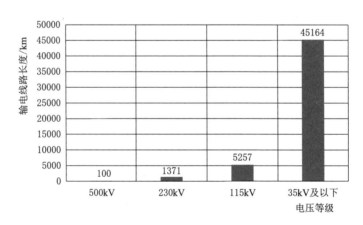

图 10-5　老挝电网输电线路长度

10.1.3　电力管理体制

老挝电力工业起步较晚，国家于1997年颁布《电力法》，政府至今均以此法为框架对电力的开发、生产、销售等诸多方面进行监管和指导。

由于老挝电力工业起步较晚，因此国内并未设立复杂的监管机构，能源矿产部负责监管全国的电力活动，并设有老挝国家电力公司用以管理老挝国内的发电、输电以及配电事务。具体管理机构设置见图10-6。

图 10-6 管理机构设置

10.1.4 电网调度机制

虽然老挝对电网进行了分区管理，但在调度上，老挝采取国家统一调度，不设区域调度机构。老挝国家电力公司是国内唯一负责电网调度的机构。

10.2 主要电力机构

10.2.1 老挝国家电力公司

10.2.1.1 公司概况

老挝国家电力公司（Electricity Du Laos，EDL）成立于1961年，是老挝政府的下属机构，负责老挝国内的发电、输电、配电、售电、电力进出口等各项电力相关的业务。

10.2.1.2 历史沿革

老挝国家电力公司成立于1961年，由法占时期的数个发电厂组成。

1968年，老挝国家电力公司建成了第一座发电厂，即 Nam Ngum 一号机组，当时的装机容量约为155MW。

2012年，老挝国家电力公司开放外部投资，并允许个人对公司旗下发电厂进行投资。

10.2.1.3 组织架构

老挝国家电力公司共设有6大事业相关部门和一个行政部，具体组织架构见图10-7。6大事业相关部门分别为发电厂建设管理部、输电建设部、输电运营部、南北电力配给部、首都电力配给部以及技术支持部。

图 10-7 老挝国家电力公司组织架构

（1）发电厂建设管理部。负责管理 EDL 的所有发电厂，同时还负责相关发电厂建设、规划、设计等工作。

（2）输电建设部。负责建设、规划、设计国内和跨境输电项目。

（3）输电运营部。负责已建成输电线的运营、调度。

（4）南北电力配给部。负责除首都地区外的配电事务。

（5）首都电力配给部。负责首都地区的配电事务。

（6）技术支持部。负责为发电厂、输电线、配电装置提供相关维修保养技术支持。

10.2.1.4　业务情况

1. 发电业务

老挝国家电力公司拥有 27 座发电厂，2018 年总发电量约 31TWh。2020 年共出口电力 3.2TWh，创造约 1.5 亿美元的收入，主要出口国家为柬埔寨、缅甸、越南。

2. 输电业务

老挝国家电力公司共运营 22 条国内输电线路，总输电容量达 4828MW。此外，老挝国家电力公司还运行 70 座变电站，总变电容量达 5464MVA。

3. 配电业务

2018 年，老挝国家电力公司共服务客户 142 万户，其中工业客户占 42.2%，居民客户占 35.3%，商业客户占 16.2%，政府机关及其他客户占 6.3%。

10.2.1.5　国际业务

老挝自身的战略定位为"东南亚蓄电池"，电力出口已成公司营收的支柱业务。因此老挝国家电力公司也积极发展电力出口业务，与泰国电力公司在发电领域已经合作了近 50 年，并且近日新签署了近 6000MW 的出口协议，购电均价突破 4 美分 /kWh。同时，公司预计，到 2025 年，每年将会向邻国提供 14800MW 的电力装机容量。

10.2.1.6　科技创新

老挝输电系统老旧，输电损失率较高，是导致其出口电价较低的主要原因，因此老挝国家电力公司目前推出了一系列的措施以降低输电损失率，包括采购全新输电设备、提升输电效率等。

10.3 储能技术发展概况

老挝目前正在大力发展电力系统，电力发展重心和政策支持主要在发电端和输电端，旨在提高全国的电力覆盖率，因此对储能发展尚未有成体系的政策支持。

目前老挝极少有储能项目开发，储能多作为可再生能源的附属项目进行开发。目前唯一成体系的储能项目为中国广核能源国际控股有限公司的风光储一体项目。该项目于 2022 年 10 月签署合作备忘录，在老挝北部打造风光水储一体化清洁能源示范基地，作为中老电力互联互通的重要支撑项目。项目一次规划、分期实施，所产生电力将在中国，以及老挝、泰国、柬埔寨等东盟主要国家消纳。按照计划，该项目一期工程将于 2023 年开工、2024 年实现商运。

10.4 电力市场概况

10.4.1 电力市场运营模式

10.4.1.1 市场构成

泰国、越南、柬埔寨等周边邻国旺盛的电力进口需求一直是助力老挝经济增长，推动电力行业发展的主要动力之一，其发电量 80% 都用于出口。因此出口市场对于老挝电力市场尤为关键。自 2016 年以来，随着南欧江一期电站等具有多年调节能力的大型水电项目的陆续发电，老挝国家电力公司的电力出口实现重大突破，出口电量大幅增加，进口电量快速减少。通过网对网方式向泰国国家电力公司（EGAT）出口电力达 17.89TWh，已多年实现对泰国的电力净出口。

10.4.1.2 结算模式

目前，老挝与邻国的电力贸易主要以两种方式进行，一种是"点对网"的模式，该模式下电厂不连入老挝本国电网，由邻国架设专网直接接入其国内的电网送电；另一种是"网对网"的模式，该模式下电厂先连入老挝国内电网，由老挝国内电网连接至邻国电网送电。实施"点对网"售电模式的电厂基本为邻国电力公司控股的项目，老挝电力公司仅持 5%~10% 股份。

10.4.2　电力市场监管模式

老挝电力市场目前实现监管运作一体化的模式，老挝国家电力公司既是监管主体又是市场主体，在电力市场实行国家垄断。

10.4.3　电力市场价格机制

老挝国内装机以水电为主，上网电价为 4~6 美分 /kWh，在东盟各国中处于中低水平。但值得注意的是，老挝出口电力价格为 3.9 美分 /kWh，进口电价为 5.54 美分 /kWh，长期以来电费倒挂，电力进出口处于逆差。其原因主要来自两方面：一方面，老挝本身电力结构不合理，主要以水电为主，发电量受降雨量影响较大，旱季发电量匮乏，需要从邻国高价进口；另一方面，老挝电网可靠性差，被邻国认为是不稳定的"垃圾电"，不愿意支付高额的电价购买，由于本国电网稳定性的问题，其出口电力议价能力较弱。

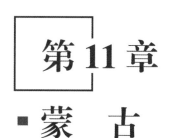

第11章

■ 蒙 古

11.1 能源资源与电力工业

11.1.1 一次能源资源概况

煤炭是蒙古最为重要的一次能源，截至2020年，蒙古全国探明煤炭储量约25亿t，潜在储量约1700多亿t。但目前蒙古煤矿年总产量不足3000万t，所产煤炭大部分供蒙古内的热电厂进行发电，少量出口至我国北方地区。

11.1.2 电力工业概况

11.1.2.1 发电装机容量

截至2020年，蒙古全国装机容量约1156.6MW，其中煤炭占据绝大多数，共997.9MW，占比为86%；其余的包括太阳能和风力发电（68.0MW，6%）、水力发电（22.7MW，2%）以及柴油发电（68.0MW，6%）。蒙古2020年各类发电装机容量及占比见图11-1。

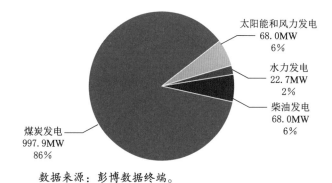

数据来源：彭博数据终端。

图11-1 蒙古2020年各类发电装机容量及占比

11.1.2.2 电力消费情况

蒙古仅有两类用电部门，分别为居民用电和工商业用电。2020年，蒙古国内总用电量 7800GWh，其中工商业用电 5460GWh，占全国用电量的 70%；居民用电 2340GWh，占全国用电量的 30%。2020 年蒙古各部门用电量见图 11-2。

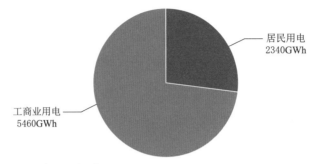

数据来源：彭博数据终端。

图 11-2　2020 年蒙古各部门用电量

从地区上来看，蒙古国内绝大多数用电量来自于首都乌兰巴托所在的中央电网。据统计，2020 年，中央电网的用电量为 7409.0GWh，占全国用电总量的 95%，是其他地区用电量之和的 10 倍之多。蒙古 2020 年用电情况见图 11-3。

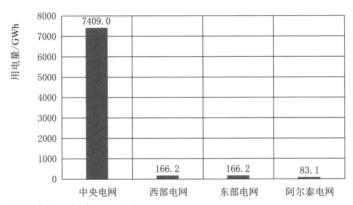

数据来源：彭博数据终端。

图 11-3　蒙古 2020 年用电情况

11.1.2.3　发电量及构成

2016—2020 年蒙古各类型电力发电量见图 11-4。蒙古极为依赖煤炭发电，截至 2020 年，蒙古全国发电量为 7800GWh，其中煤炭发电量为 7312.2GWh；其余的为柴油发电（3.8GWh）、太阳能发电（70GWh）、水力发电（75GWh）以及风力发电（339GWh）。值得注意的是，蒙古的太阳能与风力发电量正在逐步提高，2016 年蒙古太阳能发电量仅为 0.3GWh，风力发电 125.4GWh，2016—2020 年五年间，蒙古太阳能发电量提高了 232 倍，风力发电量提高了 1.7 倍。目前蒙古尚不能满足国内电力自给自足，部分电力需从中国和俄罗斯进口。蒙古的电力主要由中部、西部、东部区的电力系统供应，仍有 2 个省 40 多个县未接入中央电力系统。蒙古是电力进口国家，全国近 15% 的电力需求通过进口电力来满足。2020 年全国进口电力总额为 1170 GWh，主要来自于俄罗斯。

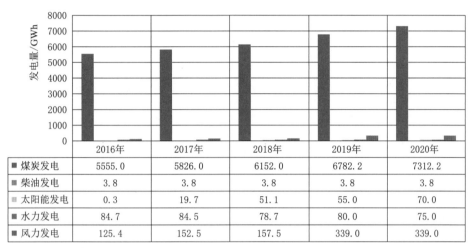

	2016年	2017年	2018年	2019年	2020年
■ 煤炭发电	5555.0	5826.0	6152.0	6782.2	7312.2
■ 柴油发电	3.8	3.8	3.8	3.8	3.8
□ 太阳能发电	0.3	19.7	51.1	55.0	70.0
■ 水力发电	84.7	84.5	78.7	80.0	75.0
■ 风力发电	125.4	152.5	157.5	339.0	339.0

数据来源：彭博数据终端。

图 11-4　2016—2020 年蒙古各类型电力发电量

11.1.2.4　电网结构

蒙古全国共分为四大电网区域，分别为西部电网、阿尔泰电网、中部电网以及东部电网。全国电网共分为 4 个电压等级，分别为 220kV、110kV、35kV 以及 15kV。全国输电线路长度共约 14300km，其中 35kV 线路总长为 6921km（48%）；110kV 线路总长为 4240km（30%）；15kV 线路总长为 2112km（15%）；220kV 线路总长为 1044km（7%）。蒙古各电压等级线路长度见图 11-5。

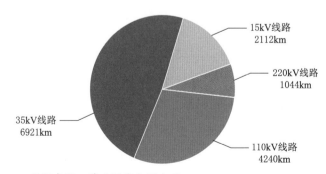

数据来源：蒙古国家电网公司。

图 11-5　蒙古各电压等级线路长度

11.1.3 电力管理体制

11.1.3.1 机构设置

蒙古电力监管基于 2001 年的《能源法》，蒙古能源监管委员会是蒙古电力工业的主要监管机构。蒙古在发电和售电环节采取市场化竞争，允许私人和外国投资者进行投资，并由蒙古能源监管委员会为其颁发从业许可证书。

11.1.3.2 职能分工

蒙古能源监管委员会成立于 2011 年，由蒙古能源监管局改组而来，是蒙古国内唯一的电力工业相关监管机构，负责电力及能源工业各个环节的监管工作。

能源监管委员会涉及电力相关的职能主要如下：

（1）设置企业获得从业许可的条款和条件。

（2）为被许可人制定运营和许可条款和要求，监督对这些条款的遵守情况。

（3）制定电价方法，审查和批准被许可人的电价，为消费者设定销售电价，实施电价指数化。

（4）建立定价制度，以尽可能低的成本提供能源，并确保电力市场参与者足够的回报率。

（5）批准设定用于发电的燃料价格的方法，并进行审查。

（6）审查被许可人的投资计划。

（7）解决被许可人之间或被许可人与消费者之间的争议。

（8）向政府提交有关电费减免的补贴建议，以减轻消费者的负担。

11.1.4 电网调度机制

由于蒙古国内地广人稀，因此蒙古采用分区电网的调度机制，共有西部电网、阿尔泰电网、中部电网以及东部电网。各电网相对独立，且互不相连，均采用独立调度的机制，负责各地区的电网调度。

目前随着蒙古经济的发展，全国用电需求逐步提升，因此政府开始主导各地区电网的互联互通工程，并实现全国电网统一管理。目前中部电网已和南部电网实现了完全联网，并已将南部电网完全交由中部电网来进行运营。

蒙古各地电网均有相应的电网公司，并直接由电网公司负责该地区电网的调度工作。电网公司均为国有企业，分别如下：

（1）西部电网公司。负责西部电网的运营、维护、建设和调度工作。

（2）阿尔泰电网公司。负责阿尔泰电网的运营、维护、建设和调度工作。

（3）东部电网公司。负责东部电网的运营、维护、建设和调度工作。

（4）国家电网公司。由中部和南部电网合并而成，负责中部电网的运营、维护、建设和调度工作，并下设有国家电网协调办公室，专项负责各地电网的合并工作。

11.2　主要电力机构

11.2.1　蒙古国家电网公司

11.2.1.1　公司概况

蒙古国家电网公司（Transco），是蒙古国内四家电网公司中最大的一家，负责管理蒙古中部电网。其管理、运营、维护的电网线路占全国电网线路的 80% 以上。公司将于未来逐步与其他地区电网进行联网，并实现统一调度和运营。

11.2.1.2　历史沿革

蒙古国家电网公司成立于 1967 年，主要职责在于管理蒙古国内第一条 110kV 输电线路。

1990 年，蒙古国家电网公司所管理的输电线路已覆盖乌兰巴托市所有地区。

2000 年，蒙古国家电网公司进行改制，改为股份制公司，更名为蒙古国家电力公司，并负责中部电网的运行。

2000—2010 年，蒙古国家电网公司陆续与其他电网之间建立了互联线路，为电网合并计划打下了基础。

2015 年，蒙古开始电网合并计划，并于同年合并了南部电网。

11.2.1.3　组织架构

董事会是蒙古国家电网公司的最高管理机构，下设工程技术部、项目计划部、电网运营部、资讯科技部以及行政部。具体组织架构见图 11-6。

资料来源：蒙古国家电网公司官网。

图 11-6 蒙古国家电网公司组织架构

工程技术部负责对其他各部门提供技术支持，主要职责还包括电网系统的日常维护、紧急抢修等工作。项目计划部负责计划并实施公司电网的新建和规划工作。电网运营部负责公司电网的调度工作，下设有电网协调办公室，专项负责国家电网的合并工作。资讯科技部负责公司内IT 技术的更新及维护工作。

11.2.1.4 业务情况

蒙古国家电网公司所负责的业务范围为全国的 80% 地区，并且包括了乌兰巴托的电网输送及维护管理等。

目前，蒙古国家电网公司的总电网长度达到 4867.77km。其中，220kV 的电力线路为 1034.59km；110kV 的电力线路为 3825.68km；35kV 的电力线路为 7.5km。总变电站数为 74 座，其中 220kV 的变电站 7 座；110kV 的变电站 66 座；35kV 的变电站为 1 座。

11.3 储能技术发展概况

蒙古国虽然有着较为丰富的可再生能源资源，特别是风电，但是由于蒙古国内地广人稀，电力消费较为集中，同时周边国家的电力基本都能实现自给自足，因此可再生能源建设动力不足。

同时，蒙古本身也是一个电力覆盖率较低的国家，全国有 20% 的电力需要进口。因此蒙古国的政策主要集中在发电端，对储能暂无特别的政策支持。该国理论上的总发电能力应为 1158MW。但由于存在老旧的、以煤为基础的传统发电厂，导致这批发电机组中只有 969MW 处于在线状态。

目前蒙古国的储能发展主要依托于各类零散的光伏项目的开发工作，暂无系统性的大型储能设备的建设工程。亚洲开发银行批准 1 亿美元贷款以支持蒙古安装 125MW 电池储能系统。该项目拟于 2024 年 9 月完成，预计总投资 1.1495 亿美元，其中 300 万美元的联合融资来自亚行高级别技术基金和日本政府，1195 万美元资金来自蒙古政府。

11.4　电力市场概况

11.4.1　电力市场运营模式

11.4.1.1　市场构成

蒙古在发电和售电环节采取市场化竞争模式，允许私人进行发电和售电环节的投资。目前，蒙古共有 33 家发电环节相关持牌机构，26 家售电环节的相关持牌机构，其中大部分均为国有或者国家控股企业。

11.4.1.2　结算模式

蒙古设有三种主要的电力结算模式，分别为单一买家模式、电力现价模式以及电力拍卖模式。

（1）单一买家模式。买方以约定价格按照合同从发电厂购买电力，并将其出售给配电公司。

（2）电力现价模式。买方实时地一对一地以现价从发电厂购买电力，并进行实时出售。

（3）电力拍卖模式。数个买方通过竞标的方式从发电厂购买电力，市场售电价低者可以对购得的电力进行出售。

11.4.2　电力市场监管模式

蒙古能源监管委员会是蒙古国内唯一的电力监管机构，负责电力市场价格、准入、市场公平等各方面的监管，监管一切蒙古国内的电力行业市场参与者以及潜在市场参与者。

11.4.3　电力市场价格机制

目前蒙古电价由发输配售各环节成本来确定，2018 年蒙古平均上网电价为 155.85 图格里克 /kWh（约合 5.85 美分 /kWh）。

第 12 章

孟加拉国

12.1 能源资源与电力工业

12.1.1 一次能源资源概况

孟加拉国一次能源储量较为匮乏，国内储量最多的为天然气。根据统计，截至 2020 年，孟加拉目前还有 23 个天然气田可以开采。但值得注意的是，孟加拉近五年并未发现新的可开采气田，而由于过量的开采，孟加拉国的天然气探明储量已由 2014 年的 4230 亿 m^3 锐减至 2020 年的 2000 亿 m^3。另外，孟加拉国也拥有部分煤炭储量，根据统计，孟加拉国 2018 年累计发现煤矿 13 座，煤炭储量约 7.5 亿 t，国内缺少大型的煤炭开采机构，唯一有煤炭开采资质的公司为孟加拉国内的巴拉普库利亚煤炭公司，年设计开采量仅 100 万 t。根据 2022 年《BP 世界能源统计年鉴》，孟加拉国 2021 年一次能源消费量达到了 3943.5 万 t 油当量，其中石油达到 908.2 万 t 油当量，天然气达到 2676.8 万 t 油当量，煤炭到达 334.6 万 t 油当量。

12.1.2 电力工业概况

12.1.2.1 发电装机容量

据孟加拉国电力发展局（Bangladesh Power Development Board, BPDB）统计，截至 2022 年 12 月 31 日，孟加拉国发电总装机容量为 23332 MW，其中天然气装机容量 11372MW，占比为 48.74%；石油发电装机容量 7619MW，占比为 32.66%；煤炭发电装机容量 2692MW，占比为 11.54%；水电装机容量 230MW，占比为 0.99%；太阳能发电装机容量 259 MW，占比为 1.1%，还有进口电力装机容量约 1160 MW。孟加拉国 2018 年电源装机容量见图 12-1。

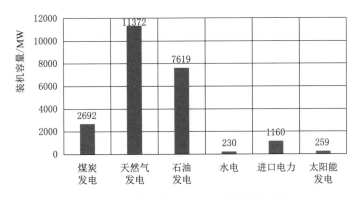

图 12-1 孟加拉国 2018 年电源装机容量

孟加拉国 2014—2022 年发电装机容量见图 12-2。从历史数据来看，2014 年孟加拉国全国装机容量仅约 10.7GW，截至 2022 年总装机容量已达约 22.1GW，是 2014 年的 2 倍左右，同时 2014—2022 年孟加拉国历史发电装机容量呈现高速增长的态势，每年增长率均不低于 10%。

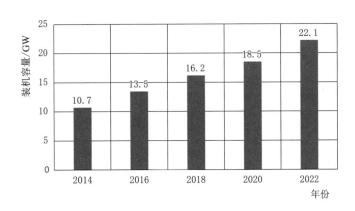

图 12-2 孟加拉国 2014—2022 年发电装机容量

12.1.2.2 电力消费情况

孟加拉国主要有五大用电部门，分别为居民用电、工业用电、农业用电、商业用电及其他用电。根据孟加拉电力发展局统计，截至 2022 年 12 月 31 日，孟加拉国全国用电量为 68900GWh，其中 6% 为进口电量。在全国用电量中，居民用电为主要用电部门，约 35139GWh，占全国用电量的 51%；其次为工业用电，约 23426GWh，占比为 34%；商业用电则位居第三，共 6201GWh，占 9%；农业用电居第四，仅 2756GWh，仅占 4%；其他部门用电 1378GWh，占 2%。孟加拉国 2022 年全国用电量结构见图 12-3。

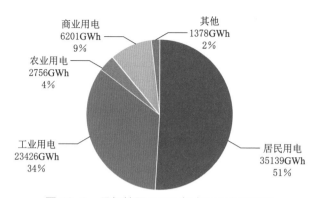

图 12-3　孟加拉国 2022 年全国用电量结构

12.1.2.3　发电量及构成

近几年，孟加拉国的发电量实现了高速增长。据统计，截至 2022 年 12 月 31 日，孟加拉国全国净发电量为 75000GWh，相较上一统计年增长 7.14%，是 2013 年的 2 倍。据了解，孟加拉主要城市已连入电网，目前电力供应覆盖率已达 90%。但大部分农村地区没有联网，24% 的人口无法获得电力。孟加拉国计划 2025 年实现电力覆盖率 100% 的目标。孟加拉国 2013—2022 年发电量见图 12-4。

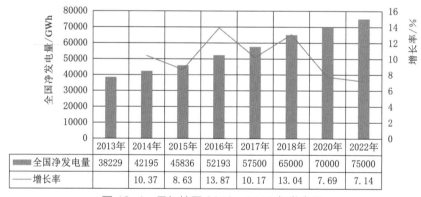

	2013年	2014年	2015年	2016年	2017年	2018年	2020年	2022年
全国净发电量	38229	42195	45836	52193	57500	65000	70000	75000
增长率		10.37	8.63	13.87	10.17	13.04	7.69	7.14

图 12-4　孟加拉国 2013—2022 年发电量

12.1.2.4　电网结构

孟加拉国全国电网共分为 400kV、230kV 以及 132kV 三个电压等级。根据孟加拉国电力发展局的统计，截止到 2018 年，全国电网总长为 1.1 万 km，且近年来呈现快速增长的态势，其较 2015 年增长 14.7%，是 2003 年的 1.7 倍，1972 年的 8.3 倍。其中 132kV 电网线路共 7082km，占比为 63.7%，较 2015 年增长 11.4%，较 2003 年增长 42%。值得注意的是，孟加拉国近几年正大力发展 400kV 电压等级的输电线路，截至 2018 年，全国 400kV 电路长度约 698km，是 2015 年刚建设时的 4.23 倍。孟加拉国历年全国电网线路总长度见图 12-5。

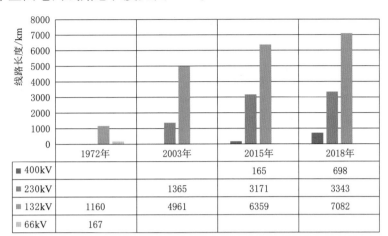

	1972年	2003年	2015年	2018年
■ 400kV			165	698
■ 230kV		1365	3171	3343
■ 132kV	1160	4961	6359	7082
■ 66kV	167			

图 12-5　孟加拉国历年全国电网线路总长度

目前，孟加拉国内还未实现电力 100% 的普及。但孟加拉国国内服装加工业的发展，对用电量及电力普及率提出了要求，因此近年来孟加拉国内的电网建设有着较快的发展，截止到 2022 年 12 月，孟加拉全国电力普及率为 89%，较 2017 年上升 4%，是 2001 年的 3 倍之多。孟加拉国 2001—2022 年电力普及率见图 12-6。

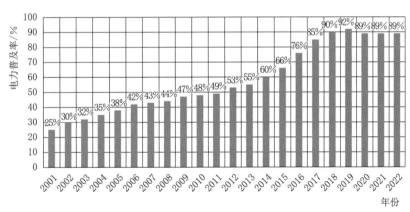

图 12-6　孟加拉国 2001—2022 年电力普及率

12.1.3　电力管理体制

12.1.3.1　特点

孟加拉国是世界上最不发达的国家之一，经济发展水平较低，国民经济主要依靠农业。孟加拉国近两届政府均主张实行市场经济，推行私有化政策，改善投资环境，大力吸引外国投资，积极创建出口加工区，优先发展农业。人民联盟政府上台以来，制定了庞大的经济发展计划，包括建设"数字孟加拉国"、提高发电容量、实现粮食自给等，但面临资金、技术、能源短缺等挑战。因此，孟加拉国目前的电力管理重点主要在发电与输电领域，提高发电装机容量和电网容量是孟加拉国政府在电力监管方面的重点。

12.1.3.2　机构设置及职能分工

孟加拉国在电力监管方面的最高机构为电力司（Bangladesh Power Division, BPD），下设独立的"一会"，即能源管理委员会（Bangladesh Energy Regulatory Commission, BERC），以及"两局"，即可持续和可再生能源发展局（Sustainable and Renewable Energy Development Authority, SREDA）和电力发展局（Bangladesh Power Development Board, BPDB），形成了"一司、一会、两局"的顶层监管结构。孟加拉国电力监管结构见图 12-7。

图 12-7　孟加拉国电力监管结构

1. 电力司

孟加拉国电力、能源与矿产资源部下设电力司，成立于 1998 年，主要负责监管全国与电力生产、输送、分配环节相关的所有活动，也涵盖了同其他部门之间的协调配合，以促进公私合作、私人投资、农村电气化以及可再生能源发展和节能环保工作。电力司下设电力处和电力顾问与巡视办公室，电力处主要负责和电力改革相关的事务，实施孟加拉国政府的电力改革计划；电力顾问与巡视办公室的主要职责是监督、检查电力安全生产和安全用电。

2. 能源管理委员会

能源管理委员会成立于 2003 年，是直属于电力司的独立部门，负责全国电力、油气行业的监督，为电网标准的建设提出参考意见，制定发、输、配电环节的安全及生产标准，确定电网维护标准，为电力行业发展目标提供参考意见等。

3. 可持续和可再生能源发展局

可持续和可再生能源发展局成立于 2012 年，其主要职能是通过促进可再生能源发展、提高能源利用效率和保护可再生能源等手段，确保本国能源安全。可持续和可再生能源发展局负责推动和批准可再生能源工程，设定宏观发展目标，也负责能源管理系统开发和管理相关的活动，以提升能源利用效率和能源安全水平。

4. 电力发展局

电力发展局源自东巴基斯坦统治时期的水力和电力发展局，孟加拉国独立之后，1972 年发展成为孟加拉国电力发展局，负责发电、输电的计划、建设和运营。20 世纪 90 年代，孟加拉国电力领域改革取得了巨大进步，电力发展局成为垂直综合经营的电力巨头企业。截至目前，电力发展局在全国拥有 30%~40% 的装机容量和配电线路。电力发展局在电力领域一直扮演着单一卖方的角色，从 20 世纪 90 年代至 21 世纪初期，电力发展局的配电网被剥离和公司化，整合为公共配电公司。

12.1.4 电网调度机制

孟加拉国采用全国统一调度的方式，全国电力由孟加拉国国家电网公司（Power Grid of Bangladesh，PGCB）负责调度。

孟加拉国国家电网公司成立于 1995 年，主要负责电网的规划、建设、扩建等。按照电力领域的功能划分，国家电网公司是孟加拉国唯一的输电公司，拥有国家负荷调度中心及其下设机构。国家电网公司的主要资产是 400kV、230kV 和 132kV 输电线路，过网费用是其唯一的收入来源。

12.2 主要电力机构

12.2.1 孟加拉国电力发展局

12.2.1.1 公司概况

1. 总体情况

孟加拉国电力发展局是孟加拉国内最大的电力集团，旗下有发电、输电及配电子公司，同时也是孟加拉国内的电力市场监管机构之一。

2. 经营业绩

孟加拉国电力发展局 2018 年总收入为 3060 亿塔卡（约 36.72 亿美元），较 2017 年增长 8%。孟加拉国 2015—2018 年经营业绩见图 12-8。

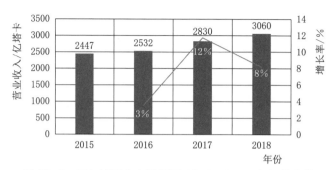

图 12-8　孟加拉国电力发展局 2015—2018 年经营业绩

12.2.1.2　历史沿革

孟加拉国电力发展局前身为英国殖民时期的配电公司，成立于 1919 年，负责首都达卡地区商业配电系统的建设。

1948 年，为了管理孟加拉地区的电力系统，东巴基斯坦水利和电力发展局（Water and Power Development Authority，WAPDA）成立，这是孟加拉电力发展局首次承担电力监管任务。

1972 年，孟加拉国独立，东巴基斯坦水利和电力发展局作为当时孟加拉地区的电力监管公司，经过简单改制后，成为了孟加拉国电力发展局。

在 20 世纪 90 年代初期，孟加拉国经历了电力改革，孟加拉国电力发展局的部分输电和配电业务被拆分到了其他机构中，但公司依旧保留了部分输电、配电业务，同时依旧承担了孟加拉国内重要的发、输、配电任务。

12.2.1.3　组织架构

孟加拉国电力发展局组织架构见图 12-9。董事会是公司的最高管理机构，下属电力规划及发展部、发电事业部、输配电事业部、技术支持部、财务部及行政部 6 大部门。

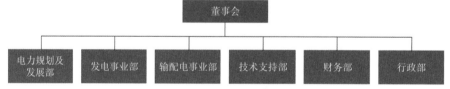

图 12-9　孟加拉国电力发展局组织架构

其中，电力规划及发展部负责对孟加拉国内电力市场进行监管，确保电力市场价格公平、杜绝行业垄断等，同时还负责孟加拉国内电力市场发展计划的提出和起草。发电事业部主要负责管理和维护孟加拉国电力发展局所有的发电厂。输配电事业部负责公司所有输电线路的建设、维护、管理，并管理下属的配电公司，确定电价等。技术支持部则负责为公司的发电、配电、输电等业务提供相关电力技术支持。

12.2.1.4 业务情况

1. 发电业务

孟加拉国电力发展局共管理 149 座发电机组，覆盖了孟加拉全国共 9 大地区。其中在首都达卡地区共 42 座，第二大城市吉大港地区共 20 座。截至 2018 年，149 座发电机组贡献了 18000MW 装机容量。孟加拉国电力发展局发电机组数量见图 12-10。

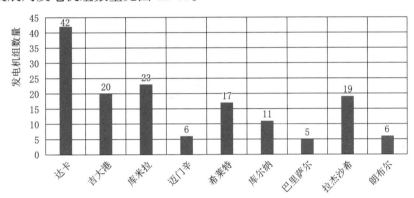

图 12-10　孟加拉国电力发展局发电机组数量

2. 输电业务

截至 2018 年，孟加拉国电力发展局运营有 400kV、230kV 及 132kV 输电线路，其中 400kV 输电线路共 5 条，230kV 线路共 35 条，132kV 线路共 164 条。从长度上来看，400kV 线路长度为 679km，230kV 线路长度为 3342km，132kV 线路长度为 7082km。输电线路条数及长度见图 12-11。

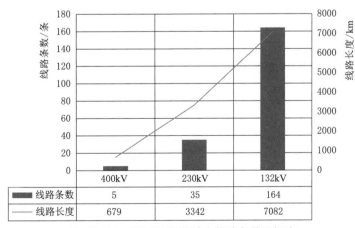

	400kV	230kV	132kV
线路条数	5	35	164
线路长度	679	3342	7082

图 12-11　BPDB 运营输电线路条数及长度

3. 配电业务

孟加拉国电力发展局在全国七大区域开展配电业务,包括首都达卡、吉大港、库米拉、迈门辛、拉杰沙希、朗布尔及锡尔赫,并在各地设有分公司,管理当地配电业务。2018 年共配电 96GWh,其中工业用电和居民用电占绝大多数,分别为 43.35% 与 43.25%。孟加拉国电力发展局配电业务类型占比见图 12-12。

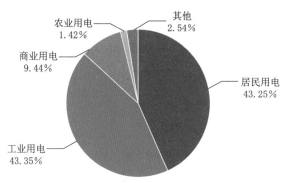

图 12-12　孟加拉国电力发展局配电业务类型占比

12.3　储能技术发展概况

孟加拉国暂未有官方的新能源发展计划及相关愿景,仅有非官方的《2021—2040 行动文件》有过对可再生能源发展的描述。该计划指出,随着孟加拉国电力需求的上升,调峰需求将进一步上升,届时孟加拉国将建设部分零散的储能系统。

12.4　电力市场概况

12.4.1　电力市场运营模式

孟加拉国电力市场结构见图 12-13。孟加拉国电力市场主要由发电、输电及配电三大环节组成。在发电环节实行全市场化竞争,鼓励私人资本和外国资本投资发电领域,同时对发电领域的投资者给予一些特别的优惠措施,例如 15 年免税优惠、设备增值税减免等政策。另外为加速推进能源行业发展,孟加拉国能源管理委员会还实施了一些项目以促进私人资本投向发电领域。在输电环节则采用独家垄断的形式。在配电环节采用准入制政策,只有获得国家特许的企业才能进行配电业务的经营活动。

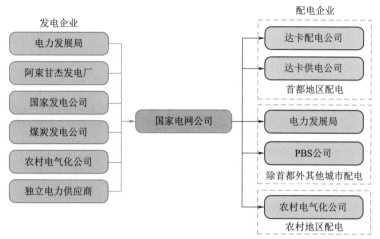

图 12-13　孟加拉国电力市场结构

12.4.2　结算模式

孟加拉国的电价共分 10 类 11 个等级进行结算，分别如下：

（1）A 类：居民用电（核准负荷 50kW）。

（2）B 类：农业用电（核准负荷 50kW）。

（3）C 类：小型工业用电（核准负荷 50kW）。

（4）D 类：非居民用电（核准负荷 50kW）。

（5）E 类：小型商业用电（核准负荷 50kW）。

（6）F 类：中等电压普通用电（电压等级 11kV，核准负荷 5MW）。

（7）G-1 类：首都特高压用电（电压等级 132kV，核准负荷 15~150MW）。

（8）G-2 类：其他地区特高压用电（电压等级 132kV，核准负荷 15~150MW）。

（9）H 类：高压普通用电（电压等级 33kV，核准负荷 15 MW）。

（10）I 类：农村地区高压用电（电压等级 33kV，核准负荷 15MW）。

（11）J 类：街道照明及水泵用电（核准负荷 50kW）。

12.4.3　电力市场监管模式

孟加拉国电力市场主要受孟加拉国电力发展局监管，同时孟加拉国电力发展局也是孟加拉国内最大的输电公司。

孟加拉国电力发展局针对发电、输电、配电各领域的公司进行监管。

12.4.4　电力市场价格机制

孟加拉国电力市场价格机制见表 12-1。

表 12-1　　　　　　　　孟加拉国电力市场价格机制

类别	收费段	电价 /（塔卡 /kWh）
A 类	0~100kWh	3.8
	101~400kWh	5.36
	>400kWh	8.7
B 类	全日	3.82
C 类	平常时段	7.66
	低谷时段	6.9
	高峰时段	9.24
D 类	全日	5.22
E 类	平常时段	9.8
	低谷时段	8.45
	高峰时段	11.98
F 类	平常时段	7.57
	低谷时段	6.88
	高峰时段	9.57
G 类	平常时段	7.35
	低谷时段	6.74
	高峰时段	9.47
H 类	平常时段	7.49
	低谷时段	6.82
	高峰时段	9.52
I、J 类	全日	7.17

注　1 塔卡 =0.012 美元。